DeepSeek 赋能

AI 驱动企业创新与管理升级

黎莹洁　刘乐然　杨　帆　著

电子工业出版社

Publishing House of Electronics Industry

北京 · **BEIJING**

内 容 简 介

在 AI 技术重塑商业竞争格局的当下，本书以国产大模型 DeepSeek 为实践载体，系统阐释 AI 技术如何从战略层到执行层全面赋能企业升级。

本书从提示语设计、输出优化、高级技巧、企业效率革命、管理赋能、行业应用、营销创新、企业培训、行业创新等多个维度，系统分析了 DeepSeek 赋能企业创新与管理升级的实现路径，并结合案例与实战指导，为企业构建核心竞争力提供科学路径，帮助企业突破数据孤岛，实现从洞察到执行的闭环管理。

本书从技术赋能、管理重构到场景创新进行全方位的介绍，内容全面，为企业管理者、数字化转型负责人、市场营销与运营从业者提供了具体方法论指导。同时，本书为技术开发者、AI 应用研究者提供行业落地的实践参考，推动企业实现可持续增长与创新突破。

图书在版编目（CIP）数据

DeepSeek 赋能 ：AI 驱动企业创新与管理升级 / 黎莹洁，刘乐然，杨帆著. -- 北京 ：电子工业出版社，2025. 7. -- ISBN 978-7-121-50618-5

Ⅰ. TP18

中国国家版本馆 CIP 数据核字第 20254GS805 号

责任编辑：刘志红（lzhmails@phei.com.cn）
印　　刷：三河市鑫金马印装有限公司
装　　订：三河市鑫金马印装有限公司
出版发行：电子工业出版社
　　　　　北京市海淀区万寿路 173 信箱　邮编　100036
开　　本：720×1 000　1/16　印张：12.25　字数：178.4 千字
版　　次：2025 年 7 月第 1 版
印　　次：2025 年 7 月第 1 次印刷
定　　价：68.00 元

凡所购买电子工业出版社图书有缺损问题，请向购买书店调换。若书店售缺，请与本社发行部联系，联系及邮购电话：（010）88254888，88258888。

质量投诉请发邮件至 zlts@phei.com.cn，盗版侵权举报请发邮件至 dbqq@phei.com.cn。

本书咨询联系方式：（010）88254479，lzhmails@phei.com.cn。

在数字化浪潮席卷全球的今天，企业正面临前所未有的挑战与机遇。市场竞争日益激烈，客户需求瞬息万变，技术革新不断加速，传统的管理模式和工具已难以适应这一快速演进的商业环境。企业亟须通过创新与效率提升来构建核心竞争力，而 AI 技术的崛起，为这一目标提供了全新的路径。

DeepSeek 作为强大的 AI 工具，正是在这一需求下应运而生的。它并非简单的"自动化助手"，而是通过自然语言交互、深度学习与行业知识库的融合，为企业提供从战略规划到执行落地的全流程支持。

本书以 DeepSeek 为例，系统地阐述了 AI 在企业管理中的应用场景和价值，通过对企业输出规划、管理赋能、营销创新、人才培养等多个方面的深入探讨，展示了 AI 如何助力企业实现管理升级和创新发展。

DeepSeek 在提升效率的同时，能够重塑管理逻辑。从战略规划的精准推演到风险管理的智能预警，从员工培训的个性化设计到资源配置的动态优化，DeepSeek 使管理决策从经验驱动转向数据驱动。此外，该技术为企业打开了业务模式创新的可能性。无论是制造业的智能供应链、零售业的精准营销，还是金融业的风险建模，DeepSeek 都能通过场景化应用帮助企业探索新增长点。

本书的独特价值体现在其科学的方法论体系与创新实践的结合。首先，本书构建了从提示语设计到输出优化的完整技术路径，提出采用 PIA 模式精准生成战略报告，通过三步校正法提升内容质量，并创新设计提示语链以分解复杂任务。其次，本书深度融合管理场景，在公文处理、会议管理、项目跟踪等典型场景中提供可落地的解决方案。

书中包含的实战案例与模板覆盖制造业、零售业、金融业等六大行业，以及战略规划、营销创新、员工培训等九大管理场景。本书还聚焦未来趋势，探讨人机协作的新型管理模式，为企业应对技术迭代与市场变化提供了战略指引。

对于不同角色的读者，本书的价值体现为全维度的赋能指南。管理者可快速掌握 DeepSeek 的核心逻辑，将其应用于战略制定、团队管理与资源优化。技术团队可结合企业知识库训练专属模型，显著提升 DeepSeek 输出的业务贴合度；培训与 HR 部门则能构建智能化的人才发展体系，实现训战结合的培训新模式。

本书的诞生源于对 DeepSeek 与企业需求深度融合的深刻观察。它既是一本工具书，为企业提供即学即用的操作指南，也是一本战略书，启发管理者思考 AI 时代的组织变革方向。随着 DeepSeek 的普及，企业的创新与管理将进入一个更高效、更智能的新纪元。期待本书能够成为企业探索 DeepSeek 赋能之路的灯塔，助力更多企业在数字化浪潮中破浪前行，赢得未来。

作者

2025 年 4 月

第1章

提示语设计：
与 DeepSeek 高效协作

在 AI（Artificial Intelligence，人工智能）融入产业变革时，企业驾驭生成式 AI 的能力至关重要。作为"隐形指挥棒"，提示语设计影响模型输出。DeepSeek 通过融合语言学与知识图谱，构建智能化提示工程体系，突破传统局限，提升 AI 交互效率，助力企业契合商业目标，抢占 AI 时代先机。

1.1 在企业场景下的提示语设计原则

在 AI 领域，提示语设计已经成为用户与 AI 系统高效协作的核心技术之一。在 DeepSeek 的使用过程中，提示语是连接 AI 与用户的桥梁，决定了 AI 对任务的理解深度和输出结果的质量。有效的提示语能够帮助用户快速获取信息、精准决策、提高效率，尤其在企业环境中，优化提示语设计可大幅提升团队协作和创新。

DeepSeek 广泛应用于企业场景。在市场分析方面，DeepSeek 可挖掘海量市场数据、竞争对手分析及消费者趋势等信息，助力制定精准市场策略。在智能决策支持方面，基于大量数据和深度分析，DeepSeek 可为高层管理提供科学决策的依据。在流程自动化方面，DeepSeek 能够实现自动处理和优化企业内部流程，从财务管理到客户服务等，减少人工干预，提高整体效率。在创新驱动方面，DeepSeek 可快速筛选技术文献、行业趋势及创新案例，推动产品研发与技术创新。

在这些场景中，提示语设计的精细度和合理性直接影响 AI 处理的效果，精准的提示语设计可使 AI 任务处理效率得到提升，成为人机协同的核心生产力工具。

企业在设计提示语时并非简单罗列需求，而是需要通过清晰界定任务边界，精准定义数据维度，动态调整交互策略的三重机制，构建 DeepSeek 理解的指令体系。

目标明确、指令清晰是首要原则。企业在设计提示语时要准确描述任务核心需求，避免模糊或不完整指令，否则 DeepSeek 输出结果不可预测甚至误导。例如，企业输入"请分析 2025 年第一季度内，亚太地区智能手机市场的销售趋势，并预测未来三个月的销售变化"，如图 1-1 所示，就比"请分析一下智能手机市场"明确很多，如图 1-2 所示。

已深度思考 (用时 26 秒) ∨

2025年第一季度亚太地区智能手机市场分析及未来三个月预测

一、2025年第一季度销售趋势分析

1. 整体市场表现

- **同比小幅增长**：受经济复苏和消费信心回升的推动，亚太地区智能手机出货量预计同比增长3%～5%，总量为1.1亿～1.2亿台。

- **区域分化明显**：

  - **中国**：市场趋近饱和，出货量同比持平或微增1%～2%（依赖高端机型与以旧换新政策）。

  - **印度与东南亚**：受年轻人口红利和低端机型需求的驱动，增速达6%～8%（印度电商节后库存补充）。

  - **日韩澳新**：高端机型占比提升（如折叠屏、AI手机），但高通胀抑制部分需求。

2. 核心驱动因素

- **5G普及加速**：亚太5G渗透率超60%，印度等新兴市场5G基建的完善推动中低端5G机型的热销。

图 1-1　详细提问生成的内容示例

根据2025年最新市场数据和研究报告，智能手机市场呈现以下关键趋势与特点：

一、市场增长与区域分化

1. 全球增速放缓，中国稳健增长

全球智能手机市场在2024年增长7.1%后，2025年增速预计快速放缓至1.5%。而中国市场则表现出更强的韧性，2025年预计出货量达2.89亿部，同比增长1.6%。2025年2月，中国手机出货量同比大幅增长37.9%，显示阶段性复苏迹象。

2. 5G普及与技术迭代

中国市场5G手机渗透率持续提升，2025年1月占比86.8%，2月进一步增至91.5%。但整体智能手机出货量仍受经济环境影响，1月同比下降17%，厂商需通过技术创新刺激换机需求。

图 1-2　宽泛提问生成的内容示例

　　企业需要注意输入的提示语应语言简洁，避免过度复杂化。虽然提示语要全面，但应保持简洁，避免复杂术语和冗长表述，以免增加 DeepSeek 的理解难度或导致理解错误。例如，指令："请分析 2024 年和 2025 年第一季度全球智能手机市场份额的变化，并提供未来五年的市场预测"就比复杂表述更容易被 AI 理解并执行。

企业还需要注意上下文连贯，避免信息割裂。DeepSeek 需要从上下文中提取信息，在设计提示语时要确保连贯。尤其在企业场景中，提示语要与前后任务输出保持一致，例如，"根据我们上次讨论的销售增长情况，请分析 2024 年第一季度的收入数据，并与去年同期进行对比"就比"请分析该季度的收入数据"更能让 DeepSeek 精准分析。

企业需要对 DeepSeek 进行精确要求，实现数据驱动。企业在使用 DeepSeek 时常涉及大量数据分析任务，提示语要明确数据类型、范围和分析方式。例如，"请分析 2024 年 Q1 的产品 A 和产品 B 的销售数据，比较两者的销量差异，并给出可能的原因分析"比"请分析一下产品销量"能让 DeepSeek 更高效提取有价值的见解。

企业设计的提示语应具有可调节性与反馈机制。企业在使用 DeepSeek 时常面临多次迭代任务，提示语要有灵活性，能够根据 AI 输出实时调整。例如，企业先给出"请分析并预测 2025 年全球智能手机市场的未来趋势"，再调整为"请在原有预测的基础上，增加对价格敏感型消费者群体的分析，并调整 2025 年智能手机市场的增长预期"。DeepSeek 通过反馈机制细化优化，提高协作效果。

除基础性原则外，提示语设计在用户运营层面更具商业价值。例如，某知名电商平台发现，用户在浏览商品时，虽然浏览量较高，但转化率却不尽如人意。平台借助 DeepSeek 深入分析，发现商品推荐提示语存在模糊不清、缺乏吸引力的问题。例如，平台原本的提示语为"您可能喜欢这些商品"，这样的表述过于笼统，无法激发用户的兴趣。

由此，该电商平台借助 DeepSeek 实现提示语优化。DeepSeek 根据用户的浏览历史和购买行为，生成精准的推荐提示语，如"根据您之前购买的运动装备，为您推荐这款最新上市的专业跑鞋，现在购买可享受优惠"。同时，其运用情感唤起型话术，增强提示语的吸引力，如"这款连衣裙简直是为您量身定制的，穿上它您将成为众人瞩目的焦点"。在优化后，该电商平台的商品转化率得以提升，ROI（Return on Investment，投资回报率）得到相应提高。

提示语设计是 DeepSeek 高效协作的核心。在企业场景下，通过精准、简洁、连贯且数据驱动的提示语设计，企业能够更好地利用 DeepSeek 获取信息、分析数据和支持决策，提高运营效率，激发创新活力。持续优化提示语设计，企业可以借助 AI 技术实现更高效的管理升级和创新发展。

1.2　从新手到专家：提示语设计的进阶技巧

对于刚接触 DeepSeek 的企业来说，提示语设计可能是个陌生而复杂的领域，但通过掌握一些基本的进阶技巧，企业就可以从初学者逐步成长为这一领域的专家。

新手在设计提示语时，最常见的错误就是表述过于模糊。例如，用户简单地问一句"给我写一篇关于企业创新的文章"，这样宽泛的指令使 DeepSeek 难以把握文章风格、重点内容、目标受众以及篇幅要求等关键信息，最终生成的内容可能与预期大相径庭。另一个普遍问题是缺乏逻辑性，提示语中各个元素之间没有清晰的关联，导致 DeepSeek 在理解和执行任务时陷入混乱，无法产出连贯且有价值的成果。

想要实现从新手向专家的转变，用户就需要根据提示语设计的原则进行深耕。

首先，用户需要进行精准描述，让 DeepSeek 清晰理解意图。用户在提出需求时，需要明确具体的任务细节。例如，将"给我写一篇关于企业创新的文章"优化为"为面向企业中高层管理者的行业杂志撰写一篇 3 000 字左右的文章，主题是如何利用新兴技术实现企业创新突破，需结合至少三个实际案例分析，并在结尾部分给出未来五年的创新趋势预测"。通过详细的描述，DeepSeek 能够清楚知道要创作的内容方向、目标读者、篇幅限制以及关键要点，从而生成更贴合需求的文章，如图 1-3 所示。

⊗ 已深度思考（用时 19 秒） ⌄

颠覆与重构：新兴技术驱动企业创新突破的实战路径

在东京银座的百年百货公司里，智能试衣镜正通过AR技术呈现全球最新时装秀，传感器自动生成顾客三维体型数据，AI推荐算法将转化率提升至38%。这个场景揭示了数字经济时代企业创新的本质：技术重构商业逻辑的速度，正在超越传统商业模式的进化周期。本文通过解析特斯拉、LVMH、波音三大企业的创新实践，揭示新兴技术驱动商业价值重构的内在逻辑，并预判未来五年企业创新的核心战场。

一、技术穿透力：解构产业价值链的三种范式

1.1 特斯拉Dojo超算：AI重塑制造范式

特斯拉在2023年投入10亿美元打造的Dojo超级计算机，标志着汽车制造从"机械传动"向"神经中枢"的进

图1-3　精准描述后生成的内容

其次，用户需要设定角色与场景，赋予任务真实感。例如，用户想让 DeepSeek 生成一份销售话术，可以这样表述："你现在是一名经验丰富的电子产品销售代表，正在向一位对最新款智能手机感兴趣，但又担心价格过高的中年男性客户介绍产品。请设计一段 3～5 分钟的销售话术，重点突出手机的独特功能如何满足他日常工作和生活的需求，同时巧妙地处理价格异议。"通过设定这样具体的角色和场景，DeepSeek 生成的销售话术将更符合实际销售情境，具备更强的可操作性，如图 1-4 所示。

⊗ 已深度思考（用时 19 秒） ⌄

销售代表：（微笑，保持开放姿态）"王先生，看得出来您对这款新机确实很感兴趣，您之前用的是哪款手机呢？"（倾听客户回答后点头）

客户："我现在用的还是两年前的旗舰机，感觉还能用，但你们这款新机的价格有点超出预算了。"

销售代表："完全理解您的考虑，其实很多像您这样的商务人士都发现了这款X-Pro的三大革命性升级。您看这个防窥商务屏（展示手机），在机场处理邮件时，旁边的人就算凑近也看不到屏幕内容。还能一键切换成电子书模式，采用的是保护眼睛的类纸显示技术，这对经常出差的您来说是不是特别实用？"

图1-4　设定角色与场景后生成的内容

最后，用户可以添加细节与示例，从而引导 DeepSeek 产出高质量内容。例如，

用户希望 DeepSeek 设计一个线上营销活动方案，除了阐述活动的目标、预算和大致时间范围外，还可以提供一些成功案例作为参考。

例如，用户可输入"参考去年'双 11'期间，某美妆品牌通过线上直播与社交媒体互动相结合的方式，推出限时折扣和赠品活动，吸引了大量用户的参与，大幅增长了销售额。我们这次线上营销活动的目标受众是年轻时尚的消费者，产品是新款运动服装。请你设计一个类似的创新活动方案，包含活动流程、宣传渠道和预期效果评估"。生成的内容如图 1-5 所示。

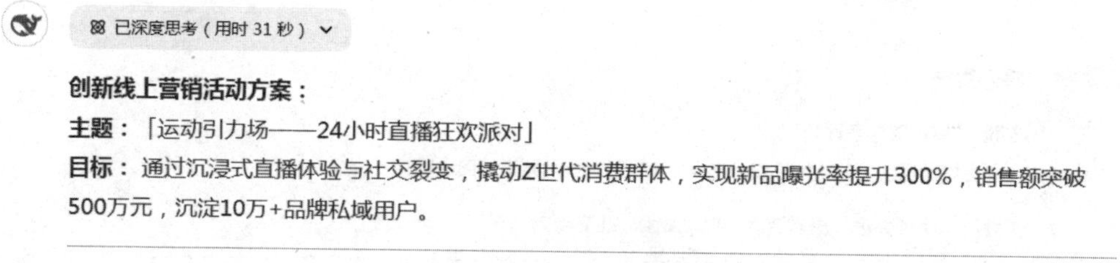

> ⊗ 已深度思考（用时 31 秒）⌄
>
> **创新线上营销活动方案：**
> **主题：**「运动引力场——24小时直播狂欢派对」
> **目标：**通过沉浸式直播体验与社交裂变，撬动Z世代消费群体，实现新品曝光率提升300%，销售额突破500万元，沉淀10万+品牌私域用户。

图1-5　添加细节与示例后生成的内容

通过这些细节和示例，DeepSeek 能够更好地理解用户的期望，从而设计出更具创新性和可行性的方案。

例如，某初创运动品牌的小张需要为新品卫衣策划线上营销活动，最初仅给出"做促销方案，预算 5 万元"的模糊指令，导致 AI 生成的方案仅有常规折扣，未能体现品牌特色。小张的问题在于未明确目标人群、活动形式和核心卖点，未说明用户参与和购买路径，也未提供参考案例或创新方向。

通过对提示语进行修改，不断提升提问技巧，小张成功策划了一场线上活动。

首先，小张将需求细化为"为 18～25 岁年轻人设计 10 天线上方案，预算为 5 万元。结合新品'城市机能风'设计理念，通过社交媒体互动提升品牌知名度，目标销量 1 500 件"。

接着，小张补充场景设定"假设你是资深策划，正在为国潮品牌策划秋季新品活动，目标用户是热衷街头文化、注重设计感与社交分享的大学生及年轻职场

人"，让任务更具真实语境。

最后，小张提供参考案例，输入指令"参考2023年某潮牌通过'穿搭挑战+虚拟试衣'活动提升销量的方法"，并要求包含用户生成内容、抖音小红书传播矩阵及阶梯式优惠设计。

优化提示语后，生成的活动策划如图1-6所示。

🐋　　▨ 已深度思考（用时33秒）∨

以下是针对国潮品牌秋季新品「城市机能风」的10天线上营销方案，结合目标用户偏好与预算限制，分阶段提升互动性与转化率：

核心策略

主题："城市漫游者计划"

（融合城市机能风的功能性设计理念+年轻群体探索城市的自由精神）

关键词：UGC共创、虚实结合、限时激励、社交裂变

阶段规划与执行细节

Day 1~2：预热造势（预算1.2万元）

1. **悬念海报+虚拟场景互动**
   ◦ 发布3组「城市机能风」剪影海报，背景为模糊的赛博都市场景，配文"解锁你的城市生存装备"。
   ◦ 评论区植入**AR滤镜**（预算3000元），用户扫描海报可触发动态特效（如虚拟风衣随手势飘动），截图分享带话题#城市漫游者可抽限量机能腰包（成本为50元×20个=1000元）。

2. **KOC矩阵渗透**

图1-6　生成的活动策划框架

优化提示语后，活动执行效果显著。品牌曝光与用户互动量大幅提升，销量远超预期目标，成功塑造了年轻化的品牌形象。

此案例表明，通过逐步细化需求、设定角色场景并提供参考案例，企业能够有效引导AI生成符合预期的方案。精准描述是基础，场景化设定赋予方案实用性，案例参考则激发创新思维，帮助新手将模糊需求转化为可落地的策略。

提示语设计从新手到专家的进阶是一种思维方式的转换。通过持续学习、反

馈调整和不断优化，用户能够与 DeepSeek 进行更加高效的协作，为企业的创新与管理升级提供强大的支撑。

1.3 6 类高效指令模板：解决企业管理难题

在数字化转型的汹涌浪潮中，企业管理者面临着诸多棘手的难题：战略决策往往因企业战略模糊而难以落地，目标分解也缺乏效率；信息处理能力的不足体现在传统业务流程存在冗余节点，跨部门协作困难，海量数据难以转化为有效的决策依据；创新路径模糊，使得创新方向不明，试错成本过高，潜在风险识别滞后，应急响应被动。

DeepSeek 作为智能决策中枢，其效能的充分发挥依赖于"指令设计思维"，即借助结构化、场景化的交互模式，把复杂的管理问题转化为可执行的 AI 协作方案。企业通过 6 类指令模板构建起人机协同的黄金范式，助力企业突破管理瓶颈，如图 1-7 所示。

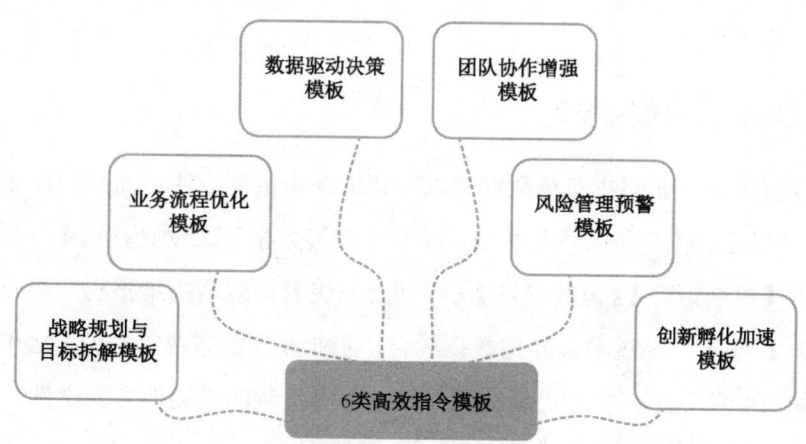

图 1-7　6 类高效指令模板

1. 战略规划与目标拆解模板

当企业战略模糊难落地、目标分解效率低时，可采用这样的指令结构："以【行业专家】角色，基于【企业年度营收目标】，制定包含【市场拓展】【产品创新】【成本控制】维度的战略框架，输出可量化的 OKR（Objectives and Key Results，目标与关键成果）体系及部门级 KPI（Key Performance Indicator，关键绩效指标）转化路径。"其解决逻辑在于，借助 DeepSeek 的全局分析能力，把抽象的战略细化为可执行模块，并结合行业基准数据，生成动态调整方案，确保从战略制定到执行的链路畅通无阻。

2. 业务流程优化模板

该模板旨在解决企业传统流程存在冗余节点、跨部门协作效率低下的痛点。指令结构为："模拟【流程再造顾问】，对【采购审批流程】进行全链路诊断，识别耗时超过【X%】的非必要环节，提供包含【自动化节点】【并行处理方案】【异常处理机制】的优化方案。"其解决逻辑是运用 DeepSeek 的流程挖掘技术，依据历史数据建立流程数字孪生，通过蒙特卡洛模拟来预测优化效果，从而实现降本增效的可视化验证。

3. 数据驱动决策模板

该模板用于企业解决海量数据难以转化为决策依据、决策滞后的问题。指令结构为："以【具体身份名称】身份，整合【销售数据】【市场趋势】【竞品动态】，生成包含【机会矩阵】【风险热图】【行动优先级】的战略决策报告，要求量化指标占比≥【X%】。"通过多源异构数据融合，企业建立动态决策模型，运用统计学算法，如贝叶斯算法，实时更新决策参数，保障决策的敏捷性与科学性。

4. 团队协作增强模板

此模板致力于解决企业跨部门沟通成本高、知识沉淀不足的难题。指令结构为："创建【项目管理智能体】，自动生成【研发－市场－供应链】三部门的协作路线图，包含【里程碑对齐机制】【知识共享模板】【冲突预判矩阵】，输出每日协作要点摘要。"其解决逻辑是构建组织知识图谱，利用 NLP（Natural Language Processing，自然语言处理）技术解析沟通文档，自动生成共识要点与待决事项，建立可追溯的协作记忆库。

5. 风险管理预警模板

该模板是企业为了应对潜在风险识别滞后、应急响应被动的痛点。指令结构为："作为【风险控制官】，基于【供应链数据】【舆情监测】【政策变动】，建立包含【三级预警阈值】【动态应对策略树】【资源调配预案】的风险管理系统，要求每小时更新风险指数。"通过运用复杂系统建模技术，融合领先指标与滞后指标，借助强化学习（Reinforcement Learning，RL）不断优化风险应对策略库。

6. 创新孵化加速模板

该模板针对的是企业创新方向模糊、试错成本过高的情况。指令结构为："模拟【创新实验室】，结合【技术专利库】【用户需求洞察】【技术成熟度曲线】，生成包含【颠覆性创新】【渐进式创新】【组合式创新】三个维度的机会图谱，附带可行性评估矩阵。"该模板运用 TRIZ（Theory of the Solution of Inventive Problems，发明问题解决理论）创新方法论的 AI 实现，通过技术进化路线预测与需求缺口分析，构建多维创新评估模型。

这 6 类模板构成企业智能化管理的"基础指令集"，通过"问题结构化→知识模型化→决策算法化"的转化过程，将管理者的战略思维转变为可执行的数字解决方案。在实际应用中，企业可依据自身特性进行模块组合，持续积累优质指令模板库，逐步培育出独特的数字管理基因。

1.4 通俗表达：让 DeepSeek 更懂业务需求

企业想要让 DeepSeek 更懂自身的业务需求，首先需要明确，DeepSeek 是一种基于 AI 的搜索和数据处理平台。它主要依靠智能分析、深度学习等技术，助力企业更高效地获取和利用信息。但要让它"更懂"业务需求，企业需要采取一系列具体措施，提高它对业务的理解和执行能力。

在数据定制化和本地化方面，企业需要收集相关数据，确保平台接入最准确、最新的业务数据，涵盖销售记录、客户反馈、产品信息、市场趋势等。企业应对业务数据打标签、分门别类，实现销售、客服等场景的需求精准匹配。

在深入分析业务流程时，企业需要清晰梳理业务流程，明确各环节需求。例如，销售部门获取客户数据，市场部门关注市场趋势，客户服务侧重于问题解答。企业将这些需求映射到 DeepSeek 的工作流程中，还需要定期与其互动，提供实际业务场景和需求，让其了解业务痛点和目标。

定期反馈和优化也很关键。企业需要收集员工对 DeepSeek 的使用体验和结果评估，了解其在实际业务场景中的表现，依据反馈不断优化算法，提升搜索结果的相关性和推荐系统的准确度。在知识库的建设上，企业可根据自身业务构建包含行业术语、常见问题、标准操作流程等内容的知识库，让 DeepSeek 理解行业特定术语和内部业务规则。同时，企业需要定期更新知识库，以适应业务需求和市场环境的变化。

在定制化培训与支持方面，企业通过专家团队对 DeepSeek 进行定制化培训，使其学习特定业务需求和工作流程。例如，销售团队的特定客户查询需求让 DeepSeek 调整搜索策略。随着使用的深入，企业需要定期邀请技术团队进行维护、支持和更新。此外，跨部门协作不可或缺，企业需要打破部门壁垒，组织定期业务会议，邀请各部门代表共同讨论业务需求，促进数据和需求共享，让 DeepSeek

能够在多个业务场景下生成综合性解决方案。

以某汽车零部件制造企业为例。该企业面对客户需求识别效率低，跨区域响应慢，商机转化不足等痛点，借助 DeepSeek 平台重构销售管理体系。

在数据与知识库的建设方面，该企业整合多维度业务数据构建动态客户画像，将优质客户标准进行量化定义，并建立行业术语对照机制，将专业技术概念转译为业务场景语言。同时，该企业借助 DeepSeek 开发智能表单系统，自动关联客户历史沟通记录，显著提升信息录入的效率与完整度。

在业务流程优化方面，该企业与 DeepSeek 协作构建覆盖销售全周期的智能管理模型。前端通过 DeepSeek 规划拜访路线，中端实时采集并分析客户交互数据，后端建立标准化应答知识库。跨部门协作机制打通数据壁垒，系统自动触发协同流程，实现需求响应速度的突破性提升。

在优化体系方面，DeepSeek 为该企业建立销售话术模板库并通过测试优化策略，设置智能复核机制，保障决策质量。此外，DeepSeek 生成的分层培训计划有助于提升团队的 DeepSeek 使用能力，实现常规业务的自主处理。

该企业通过 DeepSeek，实现了客户转化周期缩短，商机转化率提升，客户流失率降低的核心目标，销售团队效率与文档处理能力显著增强。该模式被推广至产业链合作伙伴，带动区域产业整体效能优化。

想让 DeepSeek 更好地理解企业的业务需求，关键在于通过数据定制化、业务流程分析、定期优化和培训等手段，持续调整和改进其工作方式，使其在企业实际运营中发挥更大作用。通过这些措施，DeepSeek 能够根据企业独特需求，提供更精准、更有价值的服务。

1.5 逻辑与结构化：生成专业的管理文档

企业的高效运营离不开各类专业管理文档的支撑。然而，从构思到完成一份条理清晰、内容翔实,符合专业规范的管理文档并非易事。DeepSeek 的出现为企业提供了创新且高效的解决方案。企业通过借助具有逻辑与结构化的提示语,能够充分挖掘 DeepSeek 的潜力,生成满足自身需求的专业管理文档。

企业要明确管理文档的核心目标,判断其是用于制定战略规划,规范业务流程,解决特定管理问题,或是其他用途。同时,企业需要确定文档涵盖的业务范围,明确是针对整个企业、特定部门,还是某个项目,以及具体涉及哪些业务板块或环节。

在梳理内容框架方面,企业应根据文档目标,建议采用"总分总"的结构。企业先概述文档的核心主题与目的,接着分点详细阐述关键内容,最后总结要点并提出行动建议或展望。在章节划分上,若为战略规划文档,企业可划分为市场分析、内部资源评估、战略目标设定、实施策略与行动计划等章节;若为业务流程规范文档,企业可按流程启动、执行步骤、监控环节、流程结束等先后顺序进行章节划分。

在填充章节内容时,在市场分析章节,企业需要提供企业所在行业的最新市场数据,包括市场规模、增长率、主要竞争对手及其市场份额等信息,以此详细分析市场现状与趋势;在内部资源评估章节,企业则要从人力资源(员工数量、技能结构等)、财务资源(资产负债、现金流等)、技术资源(现有技术水平、研发能力等)方面,梳理企业内部资源状况,为后续战略制定提供依据。基于市场分析与内部资源评估,在战略目标设定章节,企业确定战略目标,且目标应遵循SMART 原则(Specific,具体;Measurable,可衡量;Achievable,可实现;Relevant,相关性;Time-bound,时限性)。

规范语言风格与格式对企业也至关重要。在语言风格上,企业生成的管理文档需要保持专业、客观、简洁,避免过于口语化或模糊的词汇,确保表述准确、清晰,在描述问题和提出解决方案时使用正式、规范的用语。同时,企业需要对文章的格式进行设定,保证生成的内容符合专业文档要求。

在完成文档初稿后,企业需要从内容准确性、逻辑连贯性、格式规范性等方面进行审核。企业应重点检查各章节之间的过渡是否自然，数据引用是否准确，语言表达是否流畅。如果有特定的审核要点或流程需遵循，企业应按要求执行。此外，企业根据审核意见对文档进行完善，针对存在问题的部分重新梳理思路，补充或修改相关内容，确保文档质量达到专业标准。

例如，某电商企业借助 DeepSeek 生成规范业务流程的管理文档。该企业明确目标为优化从采购到售后全流程，涉及多部门业务板块。

在梳理框架时，该企业采用"总分总"结构，开篇点明提升效率、降本、提客户满意度的目的，再分章节详述。例如，采购流程涵盖供应商筛选等环节；销售含商品上架等步骤；客服涉及咨询与售后；物流包括仓储与配送。

在填充内容阶段，该企业向 DeepSeek 提供电商行业概况、内部人力、财务、技术资源等信息，据此分析现状，制定遵循 SMART 原则的长短期目标。

该企业要求文档语言专业简洁，规范格式。初稿完成后，从内容、逻辑、格式多方面审核，部门负责人先审本部门内容，高层再整体把关。例如，客服售后步骤不清，DeepSeek 重新生成优化，最终产出高质量文档，助力该企业业务流程的规范。

该企业借助 DeepSeek 生成专业管理文档，不仅极大地提升了文档生成的效率，还凭借其精准的分析与逻辑梳理能力，为该企业提供了高质量的内容框架与专业表述。这一科学流程会助力企业在激烈的市场竞争中脱颖而出，迈向更广阔的发展天地。

1.6 PIA 模式：精准生成战略规划与报告

PIA（Plan Implement Assess，计划实施评估）模式是一种助力企业、组织或团队精准生成战略规划与报告的先进方法论。它依托科学的分析框架、精确的数据支持和缜密的战略设计。在复杂多变的商业环境中，PIA 模式为企业制定有效

战略规划和生成高质量报告提供坚实保障,确保决策过程兼具透明性与可操作性。

PIA 模式的底层逻辑包含三个递进环节,即规划、实施、评估。

在规划阶段,该模式强调将抽象的企业愿景转化为可操作的行动框架。通过 SMART 原则,该模式能够对战略目标进行逐层拆解,使宏观目标具化为包含 KPI、OKR 在内的可量化指标,避免战略空泛化。同时,该模式整合内外部资源,运用 SWOT(Strengths, Weaknesses, Opportunities, Threats)工具开展风险评估,制定针对性预案,确保目标落地的可行性。

进入实施阶段,PIA 模式通过标准化与敏捷性的双重机制保障战略落地。一方面,PIA 模式借助矩阵明确权责分工,依托甘特图、项目管理系统实现进度透明化监控,确保执行与规划的一致性;另一方面,其与企业协作建立动态调整机制,允许在环境变化时快速响应,如原材料价格波动时启用备用供应链,避免僵化执行。同时,在系统沉淀执行过程中的关键数据,如客户反馈、运营效率指标等,形成企业专属的经验数据库,为后续评估提供实证依据。

评估阶段是 PIA 模式闭环的关键枢纽,其核心在于通过数据对比与深度分析实现战略校准。通过 KPI 达成评估后,PIA 模式可精准识别目标与实际的偏差来源,继而提炼成功经验与失败教训,形成可复用的方法论。例如,企业从某渠道高转化率洞察市场机会,或从区域拓展失利中优化资源配置策略。最终,将评估结论反哺至下一周期规划,推动战略从静态设计转向动态迭代,使报告成为连接过去实践与未来决策的桥梁。

此外,企业需要警惕数据过载、AI 幻觉及交互断层等常见问题。通过价值密度评估算法过滤冗余信息,追加法规溯源指令约束虚构内容,建立上下文继承系统追踪决策链,企业可有效规避风险。效能提升则依赖模板引擎开发、反馈强化机制与跨模态融合。企业将高频任务转化为标准化指令模板,通过专家评分持续优化输出质量,结合图像识别等技术实现多元信息协同分析。

在具体实践方面,某区域连锁超市依托 PIA 模式制定三年线下扩张战略,通过闭环管理强化市场地位,取得了显著成效。

在规划阶段，企业借助 PIA 模式将区域深耕愿景转化为可执行框架，运用 SMART 原则拆解目标，明确门店扩张节奏、单店运营标准及客户留存指标，避免空泛化。同时，企业整合供应链资源，与本地供应商建立优先合作，通过 SWOT 分析识别租金波动、人力短缺等风险，制定备选商圈库、校企合作培养储备人才等预案。基于消费者调研与竞品分析，企业定位中产聚集区为核心区域，优化商品结构，聚焦生鲜品类，为选址、选品提供数据支撑。

在实施阶段，企业通过 PIA 模式厘清总部与区域团队权责，借助项目管理工具监控进度，保障标准化执行。同时，企业在过程中沉淀数据，挖掘门店效能与区位、消费行为与促销的关联规律，形成可复用的运营模型。

在评估阶段，PIA 模式可帮助企业对比实际成果与目标。例如，企业通过 PIA 模式能够针对性引入区块链溯源优化供应链，开发线下专属优惠券，联动社区分发。评估结论将动态选址、应急响应等经验纳入知识库，为进军一线城市储备方法论。

在复杂商业环境中，PIA 模式凭科学逻辑、多元应用及问题防范，成为企业制胜法宝。随着技术发展，PIA 模式将持续进化，助力企业精准定位、解析数据、输出策略，于竞争中脱颖而出。

1.7 提示语链：复杂任务的分解与执行

企业时常面临各类复杂任务，如制定大型项目规划，开展全面市场调研等。企业借助 DeepSeek 设计提示语链，能够有效实现复杂任务的分解与执行，提升企业的运营效率与决策科学性。

企业想要借助 DeepSeek 对复杂任务进行分解与执行，需要进行提示语链的设计。一套完整的提示语流程能够助力企业更好地理解并把握任务。

在提示语链的设计过程中，需要遵循以下原则：

首先，是逻辑连贯。企业需要确保各提示语之间存在紧密逻辑联系。前一个提示语的输出应作为下一个提示语的输入或前提条件。

其次，依据任务的复杂程度，企业可将提示语链划分为不同层次：总体任务描述层、关键子任务层、具体操作步骤层等。

最后，提示语表述应简洁易懂，避免冗长、复杂的句子结构与模糊词汇。企业需要使用清晰明确的语言让 DeepSeek 准确理解任务意图。

在设计完成后，企业就可进行分解，具体策略如图 1-8 所示。

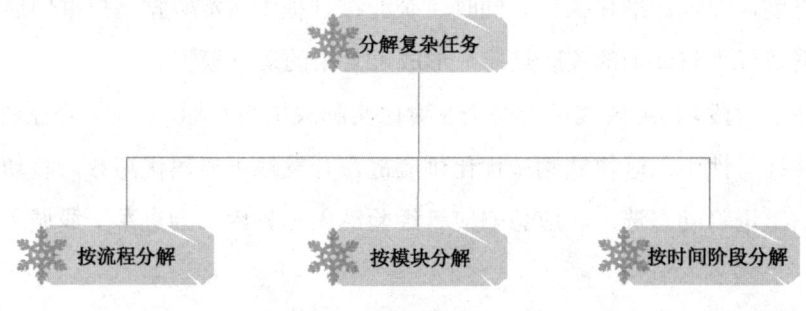

图 1-8　分解复杂任务的策略

（1）按流程分解。此策略适用于具有明确流程的复杂任务。以企业订单处理流程优化任务为例，可分解为订单接收、订单审核、库存查询、发货安排、物流跟踪等子任务。

对应的提示语分别为"分析当前订单接收渠道与流程，提出简化与自动化建议""制定一套高效的订单审核标准与流程，明确审核要点与时间限制"等。每个提示语专注于流程中的一个环节，引导 DeepSeek 提供针对性解决方案。

（2）按模块分解。此策略适用于涉及多个不同功能模块的复杂任务。例如，企业的电商平台建设任务可分为前端界面设计、后端程序开发、数据库搭建、支付系统集成等模块。

针对前端界面设计模块，提示语可以是"设计符合目标用户审美与操作习惯的电商平台首页布局，提供三种不同风格的草图方案"；对于后端程序开发模块，提示语为"选择适合电商平台业务量的后端开发语言与框架，制订开发进度计划"。通过这种方式，企业能够将复杂任务细化为多个相对独立又相互关联的模块任务。

（3）按时间阶段分解。对于周期较长的复杂任务，企业可以选择此策略。以企业年度战略规划实施任务为例，可分为第一季度的战略目标细化与资源分配阶段、第二季度的项目执行与监控阶段、第三季度的中期评估与调整阶段、第四季度的总结与收尾阶段。

每个阶段设置相应提示语，如第一季度的提示语为"将年度战略目标细化为季度 KPI，明确各部门资源分配方案"；第二季度的提示语为"跟踪各项目执行进度，分析实际进度与计划进度的偏差原因"。

企业设计好提示语链并分解好复杂任务后，就可以执行任务，具体流程如图 1-9 所示。

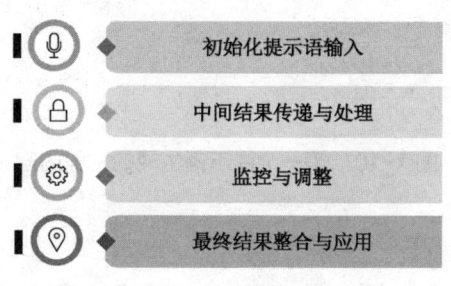

图 1-9　执行具体流程

1. 初始化提示语输入

企业根据复杂任务类型与目标，向 DeepSeek 输入第一个提示语，启动提示语链。例如企业要开展市场调研时，第一个提示语为"制定一份针对本企业所在行业的市场调研大纲，包括调研目的、对象、方法与主要内容"，如图 1-10 所示。

2. 中间结果传递与处理

DeepSeek 根据第一个提示语生成输出结果，企业将此结果作为第二个提示语

的一部分或前提条件输入。例如，DeepSeek 生成市场调研大纲后，第二个提示语可以是"根据已生成的调研大纲，设计详细的调研问卷问题，确保覆盖大纲中的所有关键内容"，如图 1-11 所示。如此循环，企业便能逐步推进任务执行。

⊗ 已深度思考（用时 59 秒）∨

以下是一份针对企业所在行业的市场调研大纲模板，可根据具体行业特点调整内容：

市场调研大纲

一、调研目的

1. 了解行业整体发展趋势及市场规模，预测未来增长潜力。
2. 分析市场竞争格局，识别主要竞争对手及优劣势。
3. 挖掘目标客户需求及痛点，优化产品或服务设计。
4. 评估政策、技术、经济等外部环境对行业的影响。
5. 发现潜在市场机会或风险，为企业战略决策提供依据。

二、调研对象

1. 直接对象：

○ 现有客户与潜在客户（核心用户画像）。

图 1-10　第一个提示语生成的相关内容

⊗ 已深度思考（用时 25 秒）∨

以下是一份覆盖市场调研大纲关键内容的详细调研问卷设计，分为不同模块（可根据受访者类型调整问题）：

行业市场调研问卷

一、行业与市场环境

1. 您认为当前行业处于哪个生命周期阶段？（单选）
　A. 萌芽期 B. 成长期 C. 成熟期 D. 衰退期

2. 未来3~5年，您预计行业市场规模会如何变化？（单选）
　A. 快速增长（>10%年增速）　B. 平稳增长（5%~10%）
　C. 停滞或下降　　　　　　　D. 不确定

3. 哪些外部因素对行业影响最大？（多选，限3项）
　□ 政策法规变化 □ 技术进步 □ 经济周期
　□ 消费者需求变化 □ 供应链波动 □ 其他：＿＿＿＿＿

图 1-11　第二个提示语生成的相关内容

3. 监控与调整

在执行过程中，企业持续监控 DeepSeek 的输出结果是否符合预期。如果出现偏差，企业就需要及时调整提示语。例如，在新产品研发设计过程中，DeepSeek 提供的产品外观设计方案不符合企业品牌定位，企业可调整提示语为"重新设计产品外观，突出本企业品牌简约、科技感的风格特点"。

4. 最终结果整合与应用

当提示语链执行完毕时，企业对 DeepSeek 生成的所有结果进行整合。例如，在完成市场调研提示语链后，企业整合调研数据、分析报告、结论与建议等内容，形成完整的市场调研报告。同时企业将其应用于企业决策，如产品研发方向的调整、营销策略的制定等。

这种技术能力的积累将推动企业从被动响应问题转向主动设计解决方案，最终在激烈的市场竞争中构建起基于 AI 的核心竞争力。

1.8 实战：用 DeepSeek 优化企业年度总结

企业年度总结作为回顾过去、展望未来的关键文档，其质量和效率对企业发展至关重要。DeepSeek 凭借先进的 AI 技术，能够为企业优化年度总结提供有力的支持。

在智能数据治理阶段。企业通过结构化提示语的设计实现跨部门数据自动清洗与对齐。企业向 DeepSeek 输入指令："整合销售、生产、客服系统原始数据，统一统计口径为财年基准，标红关键字段矛盾点。"DeepSeek 基于实体识别技术自动匹配"客户 ID""订单编号"等核心字段，输出结构化数据集，同时生成数据可信度评估报告，为后续分析奠定高质量数据基础。

进入多维战略诊断阶段后，DeepSeek 运用平衡计分卡框架进行深度归因分析。企业输入指令："从财务健康度、客户价值、流程效率、创新动能四个维度评估年度表现，标注各维度得分及偏离 KPI 的原因。"DeepSeek 不仅能够自动生成具体文本内容，还能够穿透表象数据。在分析客户维度时，DeepSeek 联动计算 NPS（Net Promoter Score，净推荐值）与 CLV（Customer Lifetime Value，客户生命周期价值），揭示高满意度但低留存率的矛盾点；针对流程效率，DeepSeek 结合 SCOR（Supply-Chain Operations Reference），模型进行流程映射，精准定位采购周期超标的瓶颈环节。

在动态目标推演阶段，DeepSeek 结合历史数据与行业变量进行智能预测。企业输入指令："模拟 2024 年目标达成路径，考虑原材料价格波动、汇率变动等变量，输出概率化目标区间及关键风险地图。"DeepSeek 运用蒙特卡洛模拟构建多情景模型，不仅生成销售额概率分布图，还通过敏感性分析揭示各要素对战略目标的影响权重。

同时，在战略地图的构建阶段，DeepSeek 能够将抽象战略转化为可执行的可视化文本。典型指令为："生成交互式战略框架，顶层锚定财务目标，底层分解支撑举措（如客户满意度提升，需落地服务升级项目），设置数据钻取功能（点击'数字化投入'，可查看 IT 支出明细及转化率）。"DeepSeek 通过动态因果链呈现战略逻辑，并内置预警机制，当核心指标偏离阈值时自动标红提醒。

最后，在智能任务协同阶段，DeepSeek 能够助力企业实现战略到执行的无缝衔接。指令设计示例："基于战略目标拆解部门任务，标注跨部门依赖关系，生成含时间节点的 OKR 模板。"DeepSeek 自动识别任务冲突点，如研发新品上市与生产爬坡周期重叠，并通过 NLP 技术解析会议纪要，动态更新任务状态。例如，当市场部提交"客户分群模型已完成"时，系统自动触发下一阶段的接口开发任务，形成闭环管理。

以某制造业为例，在年度总结中，该企业借助 DeepSeek 实现多方面优化。在智能数据治理时，企业借助 DeepSeek 整合生产车间、供应链、销售端数据，按季度统计并标注冲突字段。DeepSeek 快速清洗后，统一产品规格表述，输出规范数据集。

在多维战略诊断环节，企业要求从财务、客户、生产、创新维度评估年度表现及深层原因。DeepSeek 算出得分后，指出生产线布局致工序衔接长，影响生产效率。

此外，企业让 DeepSeek 模拟利润目标达成路径，考虑多种因素生成概率与风险点，提示关注成本控制。企业还通过 DeepSeek 设定营收目标，细化至设备升级等措施并设数据穿透功能。在智能任务的协同上，企业依战略目标拆解部门任务，明确协作关系，生成 OKR，能依会议纪要更新进展，助力战略落地。

企业想要成功实施以上策略，需要聚焦三个关键要素：首先，企业需要进行渐进式推进。企业优先选择数据基础较好的财务模块试点，逐步扩展，分阶段完成全链条优化。其次，企业需要与 DeepSeek 合作，进行人机协同校准。企业对 AI 生成的建议保留一部分人工修正空间，既保留专业判断，又提升效率。最后，企业需要进行知识资产沉淀。通过将年度总结数据自动归档为可检索知识库，企业能够快速调用历史决策逻辑。

DeepSeek 为企业年度总结带来革新。借助 DeepSeek，企业会更好地挖掘 AI 潜能，精准决策，实现从数据到战略、执行的高效转化，在市场竞争中抢占先机。

第 2 章

输出优化：
打造高质量企业内容

优质内容是企业的核心竞争力之一。企业借助 DeepSeek 之力能够打造高质量企业内容。从文案创作到报告生成，DeepSeek 能够依据企业风格与目标受众，生成逻辑严谨、富有创意且贴合需求的内容，提升企业对外展示形象，助力企业在信息洪流中脱颖而出。

2.1 三步校正法：提升生成内容的质量

企业借助 DeepSeek 等先进工具生成内容已成为常态。然而，如何确保这些内容具备高质量，满足企业对内、对外的沟通需求，是摆在众多企业面前的关键课题。三步校正法为解决这一难题提供了行之有效的路径，通过系统、有序的步骤，企业对 DeepSeek 生成的内容进行全方位打磨，让内容质量的提升实现质的飞跃。

三步校正法的具体内容如图 2-1 所示。

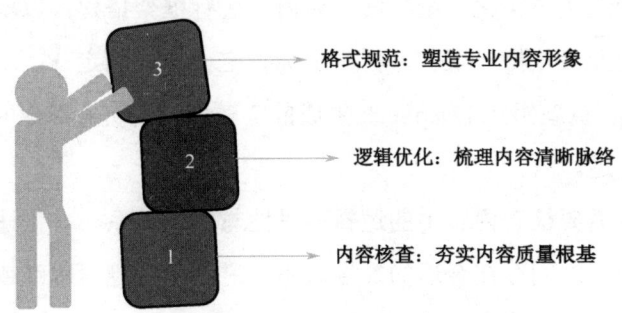

格式规范：塑造专业内容形象

逻辑优化：梳理内容清晰脉络

内容核查：夯实内容质量根基

图 2-1　三步校正法的具体内容

1. 内容核查：夯实内容质量根基

内容核查是确保 DeepSeek 生成内容可靠性的首要关卡。在这一阶段，企业需从数据准确性、事实真实性等多维度审视内容。

一方面，数据准确性至关重要。企业可借助专业的数据验证平台，对 DeepSeek 输出内容中的各类数据进行比对分析。例如，在分析市场调研报告时，将平台生成的行业数据与权威机构发布的统计数据相对照，若发现偏差，企业需及时溯源 DeepSeek 的数据源及算法逻辑，并予以修正。同时，企业对于涉及自身运营的数据，如财务数据、销售数据等，应与内部数据库进行交叉核验，确保数据的一致

性与真实性。

另一方面，事实真实性不容有失。对于 DeepSeek 生成内容中提及的事件、案例等，企业需要通过多种渠道进行核实。例如，在 DeepSeek 生成的内容中引用了某知名企业的创新举措作为案例支撑，这可通过该企业官方网站、新闻报道等渠道确认信息的准确性。此外，企业还需关注内容是否符合法律法规及行业规范，利用合规审查工具，扫描内容中的敏感词汇与条款，规避潜在的法律风险。

2. 逻辑优化：梳理内容清晰脉络

逻辑优化致力于让 DeepSeek 生成的内容条理分明、论证有力。

首先，企业运用结构化思维方法，对内容进行框架搭建。以撰写企业战略规划方案为例，企业可依据"现状分析→目标设定→策略制定→实施计划→风险评估"的逻辑结构，重新组织 DeepSeek 生成的零散信息，使各部分内容紧密围绕核心主题，层层递进。

其次，企业需要检查内容中的逻辑连贯性与因果关系。在论述过程中，企业应确保论点与论据之间存在合理的推导联系，避免出现逻辑跳跃或因果倒置的情况。例如，在分析产品销量下滑的原因时，企业不能仅仅罗列现象，而要深入挖掘各因素之间的内在关联，如市场竞争加剧导致客户分流，进而影响产品销量，借助这样严谨的逻辑链条，增强内容的说服力。

同时，企业需要去除内容中的重复表述与冗余信息，使表达更加简洁明了，提升内容的可读性与易理解性。

3. 格式规范：塑造专业内容形象

格式规范赋予 DeepSeek 生成内容统一、专业的外在形象。企业应制定详细的格式标准，涵盖字体、字号、排版、图表格式等各个方面。在字体选择上，通常正文采用简洁易读的宋体或黑体，标题则使用加粗、较大字号以突出显示，增强内容的层次感。在排版方面，企业需要合理设置段落间距、行间距，使页面布局疏密得当，提升阅读舒适度。

同时，企业需要将品牌元素，如企业标志、标准色等，融入 DeepSeek 生成的内容格式中，强化企业品牌形象，让输出内容在视觉上具有高度的辨识度与专业性。

以某金融科技企业为例，其在规模化生产投资者教育内容时，面临专业术语表述偏差、逻辑断层等问题。通过引入 DeepSeek 三步校正法，该企业构建起智能内容质量管控体系。

DeepSeek 整合监管文件、学术论文等权威数据源，运用 NLP 技术清洗冗余信息，建立覆盖数百个金融细分领域的专业知识库。在基金课程开发中，系统自动校验专业概念的准确性，显著降低初始错误率。

同时，针对图文结合的投教内容，系统通过计算机视觉技术检测图表与文本的一致性。在资产配置课程中，当检测到风险收益曲线与文字描述存在偏差时，DeepSeek 自动触发警报并定位问题节点。同时，企业与 DeepSeek 构建语义连贯性模型，对章节逻辑进行评分，有效提升内容流畅度。

此外，企业借助 DeepSeek 建立反馈闭环机制。当 DeepSeek 生成内容后，该机制能够自动标注高风险知识点，供专家审核。例如，在解读货币政策时，系统标记"量化宽松"的解释可能存在歧义，在专家复核后补充历史案例进行说明。

通过三步校正法，企业能够对 DeepSeek 生成的内容进行全面、细致的雕琢。这不仅提升了内容质量，使其更符合企业的实际需求与品牌定位，还能够增强内容在市场中的竞争力，助力企业在信息洪流中脱颖而出，实现更高效的沟通与发展。

2.2 情感融入：增强企业内外沟通效果

企业借助 DeepSeek 提升内外沟通效果时，不能仅追求内容丰富性与精准性，还需要强化情感融入。情感融入能够有效增强企业内外沟通效果，提升内容的感染力与影响力。

企业在对内沟通过程中，通过培育员工认同感与归属感，增强沟通效果，通常运用以下方式：

（1）故事化表达。企业可运用 DeepSeek 生成内部宣传资料，如员工培训手册、企业文化刊物等，将企业发展历程、战略目标等内容以故事形式呈现。

例如，某科技企业利用 DeepSeek 创作的系列创业故事在内部刊物发表后，员工对企业价值观的认同感得到了提升，工作积极性明显增强。通过生动的情节与细节描述，员工更容易产生情感共鸣，深入理解企业精神内涵，进而增强对企业的归属感。

（2）关注员工需求与情感反馈。当分析员工反馈时，企业可通过 DeepSeek 洞察情感需求。如果发现员工普遍对职业发展路径存在困惑，则企业可针对性地利用 DeepSeek 生成详细的职业规划指南，并通过内部沟通渠道发布。

同时，企业在沟通中运用共情语言，让员工感受到企业对他们的重视与关怀，有助于提升员工的信任度与忠诚度，从而降低员工离职率的可能性。

（3）表彰与激励的情感强化。企业在使用 DeepSeek 生成表彰文件、奖励通知等内容时，要注重突出员工的具体贡献与努力，用真挚的语言表达对员工的认可与感谢。

例如，企业可输入指令"请生成一份表彰文件，【员工姓名】在【项目名称】中，凭借卓越的专业技能与不懈的努力，提前完成任务，为项目节省了【$X\%$】的成本，为团队树立了优秀榜样"，如图 2-2 所示。这种具体且饱含情感的表彰，能够极大增强员工的成就感与荣誉感，激发他们为企业创造更多价值的动力。

企业在对外沟通的过程中，应塑造企业良好形象，增进客户信任。具体策略包括以下方面。

请生成一份表彰文件，张三在计算机软件设计的项目中，凭借卓越的专业技能与不懈的努力，提前完成任务，为项目节省了20%的成本，为团队树立了优秀榜样

‹ 2 / 2 ›

⊗ 已深度思考（用时 19 秒）∨

表彰文件

〔2023〕表字第XX号

关于表彰张三同志的通报

公司全体员工：

在近期实施的「XX软件设计项目」中，我公司技术研发部员工张三同志凭借其卓越的专业技能、严谨的工作态度和高度负责的敬业精神，出色完成了项目核心模块的开发任务，并实现以下突出贡献：

1. **技术突破，高效交付。** 面对复杂的技术需求，张三同志主动攻坚克难，优化算法架构，提前15天完成开

图 2-2 生成的"表彰文件"相关内容

1. 客户故事的分享

企业利用 DeepSeek 挖掘并整理客户成功案例，以图文、视频等多种形式在企业官网、社交媒体等渠道传播，如"【客户姓名】是一位小微企业主，在使用我们的财务软件后，财务核算效率提升了 50%，成功实现企业精细化管理"，如图 2-3 所示。这些真实的客户故事能引发潜在客户的情感共鸣，让他们更直观地感受到企业产品或服务的价值，从而增强对企业的信任与好感。

⊗ 已深度思考（用时 17 秒）∨

客户成功案例

——XX财务软件助力小微企业实现高效管理

客户名称：李××（小微企业主）

所属行业：XX行业（如商贸、服务等）

企业规模：10人以下

使用产品：XX智能财务软件（基础版）

应用时间：2023年X月至今

图 2-3 生成的"案例"相关内容

2. 品牌价值观的传递

企业借助 DeepSeek 优化企业对外宣传文案，将企业的品牌价值观融入其中，以情感化语言向外界传达。例如，一家环保企业在宣传文案中写道："我们致力于守护地球家园，每一个产品的研发都倾注着对大自然的热爱与责任，为了我们的子孙后代，为了那片湛蓝的天空和清澈的河流……"这种情感化的价值观表达能够吸引具有相同理念的客户群体，树立企业良好的社会形象，提升品牌美誉度。

3. 危机公关中的情感沟通

当企业面临危机时，企业可以利用 DeepSeek 快速生成回应方案，并融入真诚、负责的情感态度。企业要及时向公众说明情况，表达歉意（若有责任），并阐述解决问题的决心与措施。

例如，某食品企业在产品质量风波中，通过官方渠道发表声明："我们对此次事件深感痛心与自责，已第一时间成立专项调查组，将彻查问题根源，召回相关产品，全力保障消费者权益。我们向一直信任我们的消费者郑重承诺，将以最严格的标准改进生产流程，杜绝此类问题再次发生。"这种诚恳的情感沟通有助于缓解公众负面情绪，减轻危机对企业的冲击，维护企业声誉。

在 DeepSeek 赋能企业内容输出的进程中，情感融入是提升沟通效能的关键密码。对内，它凝聚员工力量，激发员工的归属感与创造力；对外，它塑造企业形象，赢得客户的信任与忠诚。企业应持续重视并深化情感融入策略，让每一次内容输出都成为一次心灵交流，助力企业在激烈的市场竞争中，凭借卓越的沟通优势，实现稳健且长远的发展。

2.3　角色扮演：以管理者身份生成专业方案

在企业运营中，DeepSeek 可借助角色扮演，模拟管理者视角，生成契合实际需求的专业方案，其具体实践路径从以下关键方面展开。

首先，企业需要为 DeepSeek 明确管理者角色与目标导向，如 CEO 负责整体战略规划，部门经理聚焦业务板块，项目经理把控项目进度，不同角色的决策重点各异。

例如，面对新产品上市推广的难题，企业可向 DeepSeek 下达指令"以资深市场部经理身份，为公司即将上市的【产品名称】制定推广方案，达成上述目标"，如图 2-4 所示。企业通过引导 DeepSeek，能够生成涵盖市场调研方向、目标受众定位、推广渠道选择等核心内容的针对性方案的框架。

> 以资深市场部经理身份，为公司即将上市的冰箱制定推广方案，达成上述目标

⊗ 已深度思考（用时 18 秒）∨

以下是为公司即将上市的冰箱制定的整合营销推广方案，涵盖市场定位、传播策略及执行路径，力求实现产品快速破圈并占领消费者心智：

⬜ 核心策略：三维穿透法则

1. 技术穿透：建立"行业首个-72℃深冷保鲜"技术标杆。

2. 场景穿透：打造"细胞级保鲜实验室"沉浸体验。

图2-4　生成的"推广方案"相关内容

其次，企业需为 DeepSeek 提供涵盖三类的背景信息：企业运营数据（如财务、产品线、推广效果）、行业动态（如竞品动向、政策变化）及项目细节（如产品卖点、客户特征）。

例如，某制造企业计划拓展海外市场，让 DeepSeek 扮演国际业务部经理制定方案时，提供国内市场占有率、成本结构、行业海外市场拓展案例，以及目标海外市场经济发展水平、消费偏好、贸易政策等数据。DeepSeek 据此深入分析市场机会与挑战，制定出包含市场准入策略、本地化产品调整建议、营销渠道搭建规划的专业方案，提升方案的可行性与有效性。

然后，企业需要对 DeepSeek 进行逻辑推理与策略制定。企业可采用分步骤提问、限定思考范围的方式，促使它深度推理。

例如，企业想要制定年度预算方案：①让 DeepSeek 从宏观层面分析各部门在人力、物力、财力上的初步需求。②企业需要细化至各部门的具体预算项目，如研发部门，需涵盖新产品研发中材料采购、人员薪酬、设备购置等明细并阐述依据。③企业可以要求它兼顾成本控制与效益提升，在保证实现战略目标的前提下，提出平衡各部门预算、提高资源利用效率的优化策略。

通过层层引导，DeepSeek 能够模拟管理者思维，生成助力企业合理配置资源的年度预算方案。

最后，企业需要优化与验证 DeepSeek 生成的方案。企业需从运营的角度检查方案是否契合内部流程与企业文化，是否具备可操作性。

同时，企业通过模拟推演、小规模试点验证方案，如市场推广方案，先在局部地区或特定目标群体中测试，收集反馈数据，分析实施效果与问题。

依据优化与验证结果，企业再次与 DeepSeek 交互，要求其调整完善方案，经多轮优化与验证，确保最终方案满足企业管理的需求，助力高效达成目标。

例如，某新兴智能家电企业研发出一款具有独特智能控温与健康杀菌功能的小型冰箱，主要面向年轻的租房群体与单身人士。该企业期望在三个月内，提升产品在目标市场的知名度，并实现超千台销售量。

该企业让 DeepSeek 扮演市场部经理。在明确角色与目标后，该企业向其提供了当前的财务状况、产品线中其他家电产品的销售数据、过往推广小型家电的经验等运营状况信息。该企业还提供了竞争对手同类产品的功能特点、价格策略、市场份额，当下智能家电市场的流行趋势，相关政策法规对家电能耗与环保的要求等行业动态。此外，该企业详细说明了新产品的技术参数、设计亮点、研发进程，目标客户群体注重性价比、追求便捷与个性化等特征。

随后，该企业通过分步骤提问引导 DeepSeek 生成方案。该企业先让 DeepSeek 分析目标群体需求与市场机会，接着制定线上、线下推广渠道策略，如与热门租房平台合作推广，在社交媒体上开展创意互动活动等，最后提出成本控制与效益提升的方法。DeepSeek 生成方案后，该企业经模拟推演，发现线上活动参与度预估过高，经与 DeepSeek 交互调整，在最终方案实施后，产品知名度与销量目标均超额完成。

企业充分发挥 DeepSeek 的角色扮演功能，使其成为企业管理决策的得力助手，在战略规划、业务运营、项目管理等方面生成高质量、贴合实际的专业方案，推动企业持续发展与创新。

2.4 多轮对话：优化会议纪要与决策记录

企业借助 DeepSeek 等 AI 工具优化会议纪要与决策记录，能够显著提升工作效率与信息留存、传递的准确性。实现优化的关键策略是企业需要与 DeepSeek 进行多轮对话。

企业需要通过深入分析，明确如何与 DeepSeek 实现多轮对话以达成优化目的。

在会议开始前，企业需要清晰界定会议目标，明确期望 DeepSeek 从会议中获取并记录的关键信息。如某新产品发布会议的重点信息可能包括产品特性、推广计划、目标受众等。同时，企业需要规划好与 DeepSeek 的对话流程。企业可以向 DeepSeek 发送包含会议主题、大致议程以及关键人物介绍的初始提示，让其对会议背景有初步了解。

此外，企业需要部署降噪麦克风或会议专用录音笔，确保音频清晰、稳定，统一文件格式，如 MP3/WAV，并附加会议主题、参与人名单等数据，便于后续会议纪要与决策的生成。

在会议进行过程中，企业人员要实时引导 DeepSeek 关注重要内容。当讨论到关键决策点，如是否投入新的研发项目时，发言者可在表述后直接对 DeepSeek

强调："这是关于新项目投入的重要决策讨论，记录下各方观点及倾向。"对于复杂的观点阐述，企业可要求 DeepSeek 进行复述确认，如"请重复刚才关于市场风险评估部分的内容，确保记录准确"。这样能够及时纠正可能出现的理解偏差，保证记录的精准性。

单轮对话往往难以获取全面信息。在会议结束后，企业人员需要结合录音进行细致审核。如果企业人员发现关键信息缺失，则需要借助录音转文本工具，如通义效率、讯飞听见、飞书妙记等，转录会议内容，进行对照，并对 DeepSeek 展开多轮细化追问。

对于决策记录，若决策依据阐述不充分时，企业可追问："请详细说明做出此决策参考的过往案例及数据支撑。"通过这样的多轮追问，企业能够不断完善会议纪要与决策记录内容。

专业录音工具与 DeepSeek 多轮对话的协同构成了双重保障体系。高保真录音设备完整记录会议的全息信息，包括语音语调、环境音效等非文本数据，为后续争议回溯提供原始依据。例如，某律师事务所将录音文件与 AI 解析文本进行时间轴对齐，开发出文本跳转录音的复核系统，使证据核查效率提升。

录音数据作为训练样本，持续优化 AI 模型，系统通过对比人工修正记录与原始解析结果的差异，逐步提升专有名词识别、方言理解等场景化能力，形成越用越智能的进化闭环。

企业还应建立与 DeepSeek 的持续优化与反馈机制。在每次使用 DeepSeek 生成会议纪要与决策记录后，企业需要组织相关人员对结果进行评估，总结优点与不足。企业需要整理反馈信息并同步至 DeepSeek，例如："在本次记录中，对技术术语的解释不够准确，下次遇到类似术语请参考行业权威定义进行记录。"

同时，随着业务的发展与会议类型的变化，企业需要不断调整与 DeepSeek 的对话策略，让其更好地适应企业需求，持续提升会议纪要与决策记录的优化效果。

例如，一家金融机构召开年度战略规划会议，议题涵盖业务拓展方向、风险管理策略、客户服务优化等。

在会议开始前，企业向 DeepSeek 说明"本次会议聚焦年度战略规划，记录各项战略决策、责任部门以及实施时间节点"，并准备好录音工具。在讨论业务拓展方向时，涉及对新兴金融市场的分析，发言者让 DeepSeek 复述关于新兴市场潜力与风险评估的内容，确保记录准确。

第一轮会议纪要生成后，企业运用通义效率，将录音转为文本，并与 DeepSeek 记录的内容进行对照，发现关于风险管理策略的决策依据缺失。随即，企业对 DeepSeek 进行多轮细化追问，如"阐述选择该风险管理策略参考的行业数据和过往案例"。经过多轮补充完善，会议纪要完整且深入地记录了战略规划的各项要点，助力管理层后续监督战略的执行情况。

企业通过多轮对话，能够充分发挥 DeepSeek 的优势，精准、高效地优化会议纪要与决策记录，为企业的运营与发展提供有力的信息支持。

2.5 上下文控制：生成连贯的行业分析报告

企业想要深入了解所处行业动态，制定精准有效的战略，就需要优化上下文的衔接，利用 DeepSeek 生成连贯且高质量的行业分析报告，成为企业获取关键信息的有力手段。企业想要引导 DeepSeek 进行上下文控制，从而产出优质行业分析报告，就需要进行一系列实用策略，如图 2-5 所示。

1. 提供详尽背景信息

在开启对话时，企业应向 DeepSeek 全面介绍行业分析的背景，如行业近期的重大政策变动、技术突破、市场格局调整等情况。例如，在分析新能源汽车行业时，企业需要告知 DeepSeek 近期国家对新能源补贴政策的调整，以及头部企业新的电池技术进展。这能帮助 DeepSeek 构建起行业分析的基础框架，理解行业当前所处的宏观环境，使后续生成的报告内容贴合实际情况。

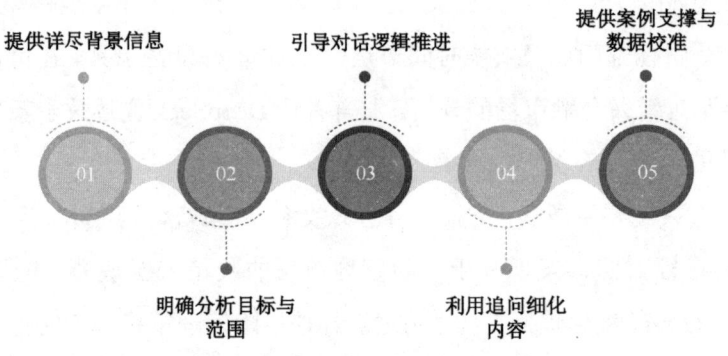

图 2-5　企业优化上下文控制的策略

2. 明确分析目标与范围

企业需明确分析目标，如评估行业增长潜力或竞争态势。同时，企业要确定分析范围，涵盖全球市场还是特定区域，是全产业链分析还是聚焦某一细分领域。例如，对智能手机行业进行分析时，企业明确目标为分析东南亚地区中低端智能手机市场的竞争格局后，DeepSeek 就能围绕这一精准设定，集中资源搜集相关信息，避免分析内容偏离方向，生成具有针对性的报告。

3. 引导对话逻辑推进

在对话过程中，企业应按照合理的逻辑顺序引导 DeepSeek。企业一般可遵循行业现状阐述、问题剖析、趋势预测的流程。以电商行业为例，企业先让 DeepSeek 描述当前电商行业整体的市场规模、主要平台的市场份额等现状；接着分析行业面临的物流配送成本高、用户数据安全等问题；最后预测未来直播电商、社交电商等新兴模式的发展趋势。通过逻辑引导，企业确保 DeepSeek 生成的报告内容连贯。

4. 利用追问细化内容

在 DeepSeek 给出初步分析结果后，企业通过追问进行内容细化。若 DeepSeek 在分析医疗设备行业竞争态势时提及某企业具有竞争优势，企业可追问其具体优势体现在技术研发、产品质量，还是市场营销等哪些方面。通过这样的多轮追问，DeepSeek 能够不断丰富报告细节，让行业分析报告更具深度与实用性。

5. 提供案例支撑与数据校准

为使分析更具说服力，实际案例与准确数据需同步至 DeepSeek。例如，在分析餐饮行业时，企业给出某餐饮行业在服务创新方面的成功案例，以及行业整体的营收增长数据、消费者口味偏好数据等。DeepSeek 可依据这些案例与数据，进一步优化分析内容，使生成的行业分析报告既有理论深度，又有实际数据与案例支撑，内容连贯且具备高可信度。

例如，某投资机构在评估人工智能行业投资机会时，通过 DeepSeek 上下文控制策略构建了一套系统化的行业分析流程。

首先，该机构向系统同步行业关键动态，并引导系统构建包含技术合规性、自主创新能力等维度的分析框架。随后，该机构明确聚焦 AI 芯片市场的竞争格局，要求系统重点关注先进制程芯片的研发与商业化潜力。

在对话推进过程中，该机构按照现状、问题、趋势的逻辑引导分析。系统先概述市场整体情况，该机构针对技术短板，追问国产芯片在关键工具上的依赖程度，系统结合产业链数据揭示技术瓶颈；该机构进一步要求预测技术突破节点，系统综合政策与研发进展，给出自主供应链建设的时间预期。

在细化分析环节，当系统提及某企业技术优势时，该机构通过多轮追问明确其专利布局与成本优化技术，使分析深度显著提升。同时，该机构提供典型应用案例与企业研发投入等信息，系统据此调整预测模型，增加技术转化效率评估维度。最终生成的分析报告包含技术成熟度曲线、竞争格局图谱及风险预警矩阵等

可视化模块，为投资决策提供了结构化支撑。

通过该机制，该机构将报告撰写周期大幅缩短，核心结论的准确性显著提升，并成功挖掘到具有高增长潜力的投资标的。

通过以上五个关键策略，企业能够充分发挥 DeepSeek 的强大功能，对行业进行全面、深入且精准的剖析。在这种逻辑引导下生成的行业分析报告不仅逻辑连贯、条理清晰，还能为企业决策提供坚实的数据支撑与可靠的案例参考，助力企业在复杂多变的市场中抢占先机，实现稳健发展。

2.6　结果过滤：屏蔽敏感信息与无效内容

企业作为数字化时代的参与者，在利用 DeepSeek 提升工作效率的同时，要高度重视信息安全与内容质量。企业通过与 DeepSeek 协作，实现输出优化，有效过滤结果，屏蔽敏感信息与无效内容。

首先，企业需要梳理业务流程中的敏感信息类型。在企业的人力资源管理方面，员工的身份证号、薪资明细、健康状况等属于敏感范畴；在企业的财务部门则有银行账号、财务报表中的关键数据、税务信息等重要敏感内容；在企业的业务运营中，未公开的商业合作协议细则、客户的隐私信息，如联系方式、消费偏好等也需重点保护。

基于梳理结果，企业需要构建一套精准的敏感词库。企业可以将这些敏感信息转化为关键词或短语录入词库，如"员工身份证号""客户信用卡卡号""商业机密条款"等。为提高识别的准确性和全面性，企业还可运用语义分析技术对敏感词进行拓展，如对于"财务报表数据"，企业可拓展为"季度财务报表营收数据""年度财务报表利润数据"等相关表述。DeepSeek 借助企业构建的这一敏感词库，在处理文本时能够快速定位并标记潜在的敏感信息。

其次，企业需要明确无效内容的定义。在企业的会议纪要中，过长的开场白、与会议主题无关的闲聊、重复表述同一观点的内容等都应视为无效；在企业的行业报告里，未经权威渠道证实的传闻、与核心分析无关的冗长背景铺垫、过时且不具参考价值的数据等也应予以排除。

企业要为 DeepSeek 制定详细的无效内容判定规则。以企业的会议纪要为例，若一段文本超过一定字数且未提及会议核心议题，则企业判定为无效；对于企业的行业报告，若数据来源标注不明且无法在主流数据库或权威机构网站核实，企业也将其认定为无效内容。通过这些规则，DeepSeek 能够在生成输出时自动过滤掉不符合企业要求的部分，提高内容的质量和实用性。

企业还需要实施多轮审核机制。在 DeepSeek 初步过滤敏感信息与无效内容后，企业应安排专业人员进行第一轮人工审核。审核人员要仔细检查文本，确认敏感信息是否已被妥善屏蔽或模糊处理，无效内容是否清理干净。例如，对于一份包含员工薪资讨论的会议纪要，企业安排的审核人员需确保员工具体薪资数字已被替换为"薪资相关信息"等模糊表述，且与薪资讨论无关的员工个人生活闲聊已被删除。

如果在人工审核中发现问题，企业的审核人员需及时反馈给 DeepSeek，并详细说明错误类型与改进方向。例如，在某份市场调研报告中，关于竞争对手的敏感商业策略未被屏蔽，企业审核人员要求 DeepSeek 加强对该类敏感信息的识别能力。

DeepSeek 根据企业审核人员反馈的信息进行学习和调整，再次对文本进行过滤处理，形成第二轮输出。企业可根据实际情况，决定是否需要进行更多轮次的审核与优化，直至输出内容符合企业要求。

企业结合业务场景定制策略。不同业务场景对敏感信息和无效内容的界定存在显著差异。在企业的销售业务场景中，客户的购买意向、价格底线等信息是敏感信息，而销售人员之间关于个人兴趣爱好的交流则为无效内容；在企业的研发项目场景里，未公开的技术原理、实验数据是敏感信息，与项目进度无关的部门行政事务讨论为无效内容。

过滤策略需根据业务场景特点定制。企业需调整敏感词库，以适配特定场景的敏感信息类型；企业优化无效内容判定规则，以适应不同场景的内容要求。

例如，在销售场景中，企业将"客户购买预算""独家合作意向"等词汇加入敏感词库；在研发场景中，企业制定规则，明确若文本中出现与技术研发无关的行政流程讨论且篇幅超过一定比例，则判定为无效内容。通过这种定制化策略，DeepSeek 能够为企业不同业务场景提供更精准、高效的输出优化服务。

通过以上一系列策略，企业能够与 DeepSeek 紧密协作，有效过滤结果，屏蔽敏感信息与无效内容，实现输出内容的优化，提升信息的安全性与工作效率。

2.7 实战：用 DeepSeek 生成一份市场调研报告

在竞争激烈的商业环境中，市场调研报告是企业决策的重要依据。借助 DeepSeek，企业可生成高质量报告，这涉及多关键环节的运用。

首先，企业运用三步校正法保障 DeepSeek 生成报告的内容质量。在内容核查方面，在利用 DeepSeek 生成报告前，企业要确保数据准确、可靠。企业通过收集权威行业数据库、政府统计年鉴、专业调研机构报告等多渠道数据，与 DeepSeek 数据相互印证。同时，企业需通过权威信源验证报告中的案例与事件，确保内容真实且符合市场实际。

在逻辑优化方面，企业需要引导 DeepSeek 构建严谨的报告逻辑结构。常见结构从行业概述、市场现状以及未来预测与企业建议。在各部分生成时，企业应要求 DeepSeek 明确观点间逻辑关系，如在分析市场增长趋势时，要说明基于技术创新、消费者需求变化等因素得出结论，避免逻辑跳跃。同时，在格式规范方面，企业应在 DeepSeek 生成前为报告制定统一格式标准，确保报告的规范性。

其次，企业需要融入情感，增强报告沟通效果。例如，在描述市场机遇时，企业应选用积极语言，激发企业管理层的关注与开拓热情；在提及市场挑战时，企业应以共情语言，增强企业对问题的重视程度，促进决策层深入理解市场情况。

此外，企业需要为 DeepSeek 设定角色，通过扮演的角色，丰富报告视角。例如，企业可让 DeepSeek 分别扮演行业专家和企业管理者的角色。行业专家深度剖析市场趋势，提供前瞻性观点；企业管理者结合企业实际，分析市场对企业战略规划、产品研发、市场营销等方面的影响，提出针对性策略建议。不同角色观点的融合会使报告内容更全面、实用，为企业决策提供多元参考。

企业还应开展多轮对话，优化报告内容。在市场调研时，企业应实时与 DeepSeek 互动，收集关键信息。在与行业专家访谈，参加行业展会并获取一手信息后，企业需要及时反馈给 DeepSeek，让其记录市场动态、竞争对手举措、专家观点等要点，为报告初稿积累素材，生成涵盖市场现状、主要问题的初稿。

在对初稿进行多轮优化后，企业要求 DeepSeek 深度挖掘分析市场数据，剖析市场份额变化等背后原因，补充遗漏信息。如果初稿对某细分市场分析得不深入，企业可让 DeepSeek 结合最新调研资料进行完善，使报告内容更丰富，逻辑更严密。

在报告接近定稿时，企业应将决策相关内容作为沟通重点，明确市场策略对企业决策的支持作用。同时，企业引导 DeepSeek 分析潜在风险并提出应对建议，为企业决策提供可靠依据，降低决策风险。

利用 DeepSeek 的上下文控制能力，企业可确保报告从背景到结论均紧扣主题，逻辑连贯。例如，企业可依据前面分析的消费者需求变化趋势，合理推断市场未来走向，避免内容脱节。

最后，企业借助 DeepSeek 的结果过滤功能，屏蔽企业商业机密、个人隐私等敏感信息，过滤与市场调研主题无关或价值低的内容，如冗长行业历史介绍、边缘信息等，使报告聚焦核心，为企业提供精准市场洞察。

以某新兴智能穿戴设备企业为例。该企业计划推出一款新型智能手表，并借助 DeepSeek 生成市场调研报告。

在内容核查阶段，该企业收集了国际知名调研机构数据与 DeepSeek 数据进行比对，确保市场规模数据的准确。在逻辑优化上，该企业引导 DeepSeek 按行业现

状、竞争格局、发展趋势构建报告结构。在融入情感方面，该企业通过描述市场机遇时使用振奋语句，如"智能穿戴市场蓬勃发展，潜力巨大"。该企业让 DeepSeek 扮演行业专家，预测未来技术融合趋势；扮演企业管理者，分析自身优劣势及应对策略。

最终生成的报告精准定位市场，为该企业新品的推出在功能设计、营销策略等方面提供科学决策的依据，助力该企业在竞争中抢占先机。

通过综合运用上述方法，企业借助 DeepSeek 能生成高质量、贴合需求的市场调研报告，助力在复杂市场环境中科学决策。

第 3 章

高级技巧：
解锁 DeepSeek 的企业潜力

在当下竞争白热化、需求多样化的商业世界，企业对智能化转型的渴望愈发强烈。DeepSeek 作为一款前沿的技术工具，蕴藏着巨大的企业潜力。然而，常规使用方式难以挖掘其全部价值。企业需要从多维度入手，全面解锁 DeepSeek 的企业潜能，助力其在复杂多变的市场环境中脱颖而出，实现跨越式发展与创新突破。

3.1　深度定制：打造专属的企业 AI 助手

DeepSeek 作为一款利用 AI 技术提供定制化解决方案的工具，可以帮助企业提升工作效率、优化业务流程并实现创新。通过深度定制，企业能够拥有一个专属的 AI 助手，这不仅能够提升团队协作，还能够支持数据分析、客户服务等多方面的需求。

企业在深度定制打造专属 AI 助手的过程中，需要从模型训练与优化、功能整合与拓展以及交互设计与个性化这三个关键维度发力。

在模型训练与优化方面，企业要意识到不同行业业务场景的独特性。例如，制造业生产流程复杂，从原材料采购到成品组装，各环节数据对提升生产效率和保障产品质量的意义重大；金融业的风险评估数据直接影响投资决策的准确性与资金安全。企业应积极收集行业专属数据，用于再训练 DeepSeek 基础模型。

同时，构建企业知识图谱至关重要。企业需全面梳理内部组织架构，明确各部门职责与协作关系；梳理业务流程，掌握订单接收至产品交付的全流程信息；整合产品特性、技术规格等产品信息以及客户基本信息、购买偏好等客户关系信息。企业采用 Neo4j 图数据库技术，将知识体系解构为四维网络。在将这些知识以图谱形式结构化呈现后，DeepSeek 可据此推理分析，在处理客户咨询时，快速整合产品与服务信息，定位对应业务部门联系方式，实现一站式高效服务。

在功能整合与拓展领域，企业深入调研现有业务流程的意义重大。

以销售流程为例，其涵盖客户信息管理、销售机会挖掘及销售策略制定等环节。DeepSeek 与企业资源规划（Enterprise Resource Planning，ERP）、客户关系管理（Custmer Relationship Management，CRM）、供应链管理（Supply Chain Management，SCM）等核心业务系统的无缝集成十分关键。借助该集成，DeepSeek 能够通过 CRM 系统接口同步客户全生命周期数据，实现销售线索智能评分与策略自动化推送。

此外，企业可依据自身特定业务需求开发 DeepSeek 的定制功能。例如，广告创意公司能够把 DeepSeek 定制为智能广告创意生成器。它依据广告主题，结合目标受众年龄层次、消费习惯、兴趣爱好等特征。

在交互设计与个性化方面，企业通过对话式交互设计与多模态融合技术，实现低门槛操作与自然交互。DeepSeek 智能拆解功能可将复杂需求分解为结构化方案。通过多轮问答，助力企业更好地对 AI 助手进行训练。

在个性化方面，系统基于用户行为数据和领域知识图谱，动态适配场景需求。采用混合专家架构，企业实现专业领域 AI 助手的深度定制。

同时，企业需要为不同部门、岗位打造个性化界面。管理层聚焦企业整体运营，界面重点展示营收增长率、市场占有率等 KPI 分析预测，以及市场拓展方向等战略决策建议。一线员工主要处理日常工作，界面侧重日常任务快速处理和操作指南，如生产线上员工能快速获取设备操作流程、质量检验标准。此外，企业应设置严格权限管理体系，保障信息安全。

以天娇妇幼为例，作为母婴用品制造企业，其针对设备故障处理效率低、物料数据标准化缺失及生产合规压力大等核心挑战，基于 DeepSeek-V3 模型实施本地化部署，构建专属 AI 助手。

首先，天娇妇幼通过安全加固建立内网闭环环境，部署敏感信息识别算法，实时检测并拦截违反 ISO 9001 质量体系的操作指令，保障数据隐私与行业规范。其次，天娇妇幼整合系统数据，构建涵盖设备参数、质量体系与风险预警的三层知识图谱。通过物料编码标准化引擎，天娇妇幼消除 SKU（Stock Keeping Unit，库存单位）与 BOM（Bill of Materials，物料清单）间的数据孤岛。随后，天娇妇幼结合设备维修日志、工单记录及行业专业术语库对模型进行场景化训练，强化故障诊断与工单自动化处理能力。最终，天娇妇幼落地智能维修响应、供应链优化及合规巡检等应用，实现异常快速处置与风险主动防控。在实施后，其设备运维效率显著提升，物料管理成本大幅下降，质量事故发生率有效降低。

通过这些深度定制手段，DeepSeek 能够全面适配企业多样化需求，成为助力企业解锁潜力、推动创新与发展的专属高效 AI 助手。

3.2 数据整理与分析：快速生成可视化图表

对于企业来说，数据已成为决策的核心驱动力，而生成高质量的可视化报告则是挖掘数据价值的关键一环。DeepSeek 作为一款先进的智能工具，通过重新定义交互式可视化报告的底层架构，实现了数据分析从传统到动态的飞跃，成功构建起人机协同的认知增强系统。

企业想要借助 DeepSeek 生成一份极具价值的可视化报告，数据收集是首要且基础的环节。企业内部的数据库存储着海量的业务数据，涵盖销售记录、客户信息、生产流程数据等，各类文件资料，如财务报表、市场调研报告，也蕴含着丰富的关键信息。网络信息同样不容忽视，如社交媒体数据、行业资讯网站内容等，能够为报告提供更广阔的视角。

在收集完成后，DeepSeek 运用其强大的数据清洗和预处理功能，仔细甄别每一条数据，去除错误、重复的数据，对缺失值进行合理填充，规范数据格式，确保数据的准确性和一致性，为后续的分析筑牢坚实基础。

之后，DeepSeek 会依据报告的特定目的以及目标受众的需求，精心确定报告结构。无论是用于向上级汇报的简洁明了型报告，还是面向专业团队深入探讨的详细分析型报告，DeepSeek 都能精准把握。

用户需向 DeepSeek 清晰、明确地提出报告要求，如"生成一份关于某产品市场销售情况的详细报告，涵盖销售数据、市场趋势、竞争对手分析等内容，报告语言需专业且通俗易懂，面向市场营销部门全体成员"。生成的报告初稿示例如图 3-1 所示。DeepSeek 凭借其卓越的语言理解和生成能力，迅速梳理需求要点，按照既定结构有条不紊地组织内容，生成报告初稿。

产品市场销售情况分析报告

报告日期：2023年10月。

面向对象：市场营销部门全体成员。

一、执行摘要

本报告旨在全面分析**[产品名称]**的市场销售表现、行业趋势及竞争格局，为市场营销部门提供数据支持与策略建议。核心结论如下：

1. **销售表现**：2023年Q3销售额同比增长15%，但环比下降5%，需关注季度波动原因。
2. **市场趋势**：消费者偏好向[XX功能/性价比/环保属性]倾斜，竞品已快速跟进。
3. **竞争态势**：主要竞争对手A公司市场份额提升至25%，需针对性制定差异化策略。

二、销售数据分析

1. 整体销售表现

指标	2023年Q2	2023年Q3	同比变化
总销售额/万元	1 200	1 140	-5%↓
销售量/件	45 000	48 000	+6.7%↑

图 3-1　生成的报告初稿示例

在这一过程中，用户与 DeepSeek 的交互至关重要。用户可随时根据初步生成的内容，要求 DeepSeek 补充特定时间段内的销售数据，或者修改某部分表述方式，使其更契合实际需求，通过多次交互不断优化报告。

然而，DeepSeek 虽然在数据处理和报告内容生成方面表现出色，但尚不具备直接生成可视化报告的能力。因此，在生成可视化报告时借助外部可视化工具成为必然选择，如 Tableau、PowerBI 等专业工具，以其强大的可视化功能和丰富的图表模板而备受青睐；Python 的 Matplotlib、Seaborn 可视化库则凭借高度的定制性和灵活性，在数据科学领域广泛应用。

用户从 DeepSeek 生成的报告中精准提取关键数据，如产品不同季度的销售统计数据、市场份额的变化趋势数据等，将这些数据输入可视化专业工具。

以 Tableau 为例，用户在软件界面中，通过 Tableau 的 LOD 表达式（详细级别计算）实现多粒度数据映射，支持动态切换柱状图、桑基图、热力图呈现模式。这些图以直观的方式清晰展示数据之间的复杂关系和潜在趋势，原本晦涩难懂的数据变得一目了然，极大地增强了报告的可读性和说服力。

结合案例，可有助于企业更好地了解 DeepSeek 在可视化报告生成方面的潜力。某区域连锁零售企业针对传统销售报告整合周期长、形式固化、洞察滞后等痛点，构建 DeepSeek+Tableau 智能分析体系。该企业打通多系统内部数据源并接入外部行业数据，抓取竞品动态，通过 DeepSeek 高效清洗异常数据，填充缺失字段，建立商品分类标准重构体系，显著提升数据质量。

系统根据管理层级需求生成差异化报告，高管层获取区域销售对比与会员增长预测，门店层获得坪效分析与排班建议。同时，DeepSeek 基于历史模板，自动关联最新数据，生成初稿，并通过自然语言指令多轮优化，大幅缩短报告生成周期。

在可视化环节，该企业借助 Tableau 构建智能仪表盘，动态热力图实时展示销售与会员分布，交互式界面支持多维度分析视角的切换，预测性图表生成未来趋势曲线。

该企业应用此系统后，数据更新频率显著提升，精准识别高价值促销组合，门店经理自主分析能力使异常响应速度大幅提升。

该企业借助 DeepSeek 可快速进行数据的整理与分析，提升了洞察效率，为决策提供了更精准、及时的依据，从而提升决策质量。

3.3 创作风格的调教：匹配企业文化与需求

在 AI 深度融入企业运营的当下，定制化 AI 内容生成能力是品牌差异化的关键。对 DeepSeek 创作风格的调教，并非简单参数调整，而是借助数据驱动、知识注入与持续优化，使生成内容在语言风格、价值主张、专业深度等多维度与企业文化与需求无缝对接，具体实施框架如图 3-2 所示。

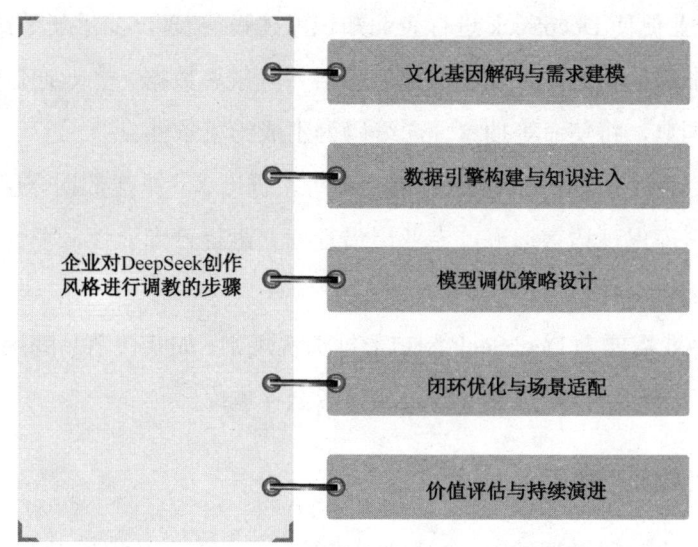

图 3-2 企业对 DeepSeek 创作风格进行调教的步骤

1. 文化基因解码与需求建模

一方面，企业在对 DeepSeek 进行创作风格调教时，需要借助它结构化处理文化要素。企业自身要通过高管访谈、解析品牌手册、分析历史内容来构建品牌人格图谱，提炼核心文化。例如，科技企业突出"创新、严谨、前瞻"，消费品品牌侧重"亲和力、生活美学、情感共鸣"。同时，企业运用 DeepSeek 量化分析企业历史优质内容，提取语言风格特征，如某金融机构经 NLP 分析，明确报告偏好使用"稳健增长"等术语，回避"激进"等词汇。

另一方面，企业借助 DeepSeek，对业务需求进行场景化拆解，建立内容需求图谱，形成内容类型矩阵。企业明确对外传播、内部沟通、专业输出等场景的输出要求与典型案例，借助 DeepSeek，制定涵盖风格一致性、信息准确性、情感适配度的内容，生成质量多维评价标准。

2. 数据引擎构建与知识注入

首先,企业促使 DeepSeek 进行企业知识库建设,梳理产品手册等结构化数据、会议纪要等非结构化数据,明确法律风险语句等禁忌数据。企业通过知识增强策略构建领域词典,将使命等抽象理念编码为生成约束条件。

其次,企业针对 DeepSeek 进行混合训练数据准备,搭建数据分层架构。基础层用通用语料库保证语言通顺,专业层借行业文献提升专业性,个性层靠企业历史内容塑造独特风格。

同时,企业需要为 DeepSeek 制定数据清洗规则,如某快消品牌用正则表达式屏蔽"廉价"等词汇,通过文本聚类构建黄金样本库。

3. 模型调优策略设计

企业运用多阶段微调技术,在基础调优时用企业专属数据集对 DeepSeek 基础模型全参数微调注入领域知识。在强化学习方面,企业设计符合企业价值观的奖励模型,如教育机构侧重"启发思考",通过人工评分构建 DeepSeek 偏好数据集,持续优化并生成策略。企业通过提示工程技术构建结构化指令体系,实现动态控制,建设元提示模板库,实现动态加载合规规则。

4. 闭环优化与场景适配

企业建立人机协同优化体系,设计反馈回路。企业接入 DeepSeek,搭建内容审核标注平台,让市场、法务等部门标注"文化契合度评分",同时开发差异可视化工具,对比生成与标杆内容特征。

企业为 DeepSeek 设置动态知识更新机制,如跨境电商在海外促销季前注入最新关税政策数据。企业进行多版本模型部署,严谨版用于法律文书,创意版用于广告文案,敏捷版用于即时沟通。企业实现跨模态风格统一,确保图文、多语言的风格一致。

5. 价值评估与持续演进

企业构建量化评估体系，用 BERTScore 等工具对比企业历史内容、借助自定义分类器、通过 A/B 测试转化率等，确定核心指标。例如，某内容平台在调教后，品牌辨识度指标评分提升。企业建立持续进化机制，借助 DeepSeek 实现持续演进。同时，企业与 DeepSeek 合作探索知识图谱与语言模型的融合，试验多模态风格迁移技术。

通过这一系统且全面的 DeepSeek 创作风格调教流程，企业能够将自身独特的文化基因与多元的业务需求，深度融入 AI 内容生成的过程中。这不仅有助于企业在激烈的市场竞争中脱颖而出，还能在企业内部促进知识共享与协同创新，提高运营效率，助力企业在数字化浪潮中稳步前行，实现可持续发展的战略目标。

3.4 企业知识库：AI 赋能知识管理与传承

随着企业的发展，知识的积累和传承变得尤为重要。传统的知识管理方式往往依赖手工整理和人力处理，效率较低且容易丢失关键的知识信息。而 AI 技术，尤其是 NLP、机器学习和大数据分析等技术，可以极大地提高企业知识库的管理效率，优化知识的存储、查找、共享和传承。

DeepSeek 协同企业构建了专属知识库，实现了智能知识管理与传承，包括以下四个步骤：

第一步，企业需要进行顶层设计。企业通过高管访谈与业务场景分析明确战略定位，识别核心部门的知识需求痛点，优先解决高频重复性咨询场景，基于 DeepSeek 平台搭建分层架构体系，整合云基础设施、多模态数据存储、智能处理引擎和应用服务模块，兼顾数据安全与计算效能。

在数据整合阶段，企业通过 API（Application Program Interface，应用程序接

口）对接 ERP、CRM 等业务系统，实现全域数据采集，同时运用网络爬虫获取外部行业动态。DeepSeek 的 NLP 引擎可对非结构化文档进行智能解析，自动提取专业术语与关键实体，显著提升知识萃取的效率。

第二步，企业需要与 DeepSeek 协作构建知识图谱。企业需要联合领域专家设计知识本体框架，定义核心实体间的关联关系，形成覆盖全业务链的知识网络。通过图神经网络挖掘隐性关联，智能识别技术文档中的因果关系和流程依赖，为知识推理奠定基础。

在应用层开发中，系统基于语义理解的智能搜索引擎可精准捕捉用户查询意图。场景化知识推送系统能够结合用户画像实现个性化推荐，如在开发环境中实时推送技术文档，有效提升工作效率。

第三步，DeepSeek 可帮助企业建立持续优化机制。该机制通过三维评估体系监控知识质量，运用异常检测及时拦截过时信息。人机协同进化机制将员工知识应用数据反哺模型训练，形成动态优化闭环。在安全治理方面，企业采用分级权限管理与动态水印技术实现知识资产的保护。同时，企业通过激励机制重塑组织文化，将知识贡献纳入考核体系，激发全员参与热情。

第四步，企业可依据安全合规需求，选择本地化私有部署或混合云模式。基础设施层采用企业自有服务器/私有云搭建容器化知识平台，通过全程硬件加密，保障数据存储与传输安全，确保核心资产不脱离内网边界；同步部署私有化知识网关至内网智能接入层，支持无缝对接 OA（Office Automation，办公自动化）、研发系统等内部数据源，通过双向 API 同步自动脱敏，强化敏感信息流转防护。

基于 DeepSeek 构建的智能知识管理系统能显著提升知识复用率，缩短培训与研发周期，推动知识资本向商业价值的转化。

例如，沈阳地铁集团有限公司（以下简称沈阳地铁）在沈阳市国资委"AI 深融"战略的推动下，针对轨道交通领域知识管理的痛点，包括数据孤岛、检索效率低及更新滞后等问题，通过本地化部署 DeepSeek-R1-7B 模型，打造了"轨道交通知识中枢"。

该系统整合多源异构数据，利用 NLP 技术构建知识图谱，并采用动态分段技术保障长文本完整性；通过向量化检索与角色化推送，实现自然语言提问的迅速响应，如"牵引电机过热处理"，且具有较高准确率。同时，沈阳地铁建立动态更新机制，自动同步新规条款并标记流程变更，结合合规模块拦截违规指令。在实施后，沈阳地铁故障排查时间大幅缩短，在节省人力成本的同时极大降低了事故发生率。

DeepSeek 以其强大的技术实力和多元的应用场景，为企业知识库的管理与传承带来了革命性的变革。在数字化转型加速的今天，越来越多的企业受益于 DeepSeek，打破知识管理的壁垒，释放知识的无限潜能。DeepSeek 以高效的知识管理与传承为基石，在激烈的市场竞争中实现创新发展与持续飞跃，开创企业知识经济的全新篇章。

3.5 可视化与多模态：用DeepSeek制作企业PPT

一份优质的 PPT 对于企业展示成果、传递信息、推动业务合作至关重要。DeepSeek 作为一款强大的 AI 工具，为企业制作 PPT 的过程带来了诸多便利，借助可视化和多模态，能够让 PPT 脱颖而出。

企业如何利用 DeepSeek 制作 PPT？如图 3-3 所示。

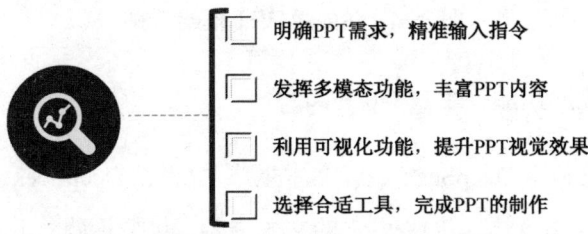

图 3-3　企业利用 DeepSeek 制作 PPT 的步骤

1. 明确 PPT 需求，精准输入指令

企业在使用 DeepSeek 制作 PPT 前，需明确 PPT 的主题、核心内容、目标受众及预期效果。例如，若要制作一份关于企业年度销售业绩汇报的 PPT，在打开 DeepSeek 平台后，应向其输入清晰、详细的指令，如"请帮我生成一份企业年度销售业绩汇报的 PPT 内容框架，涵盖各季度销售数据对比、主要产品销售占比、不同区域销售表现，风格简洁、商务，适合在公司高层会议上展示"。生成的 PPT 框架示例如图 3-4 所示。这样精准的指令有助于 DeepSeek 更好地理解需求，为后续生成内容奠定基础。

以下是为您设计的企业年度销售业绩汇报PPT内容框架，采用简洁、商务的风格，适合高层会议场景：

封面页

1. 标题：20XX年度销售业绩汇报。

2. 副标题：数据驱动增长·战略引领未来。

3. 公司LOGO+日期。

4. 简约背景（建议：深蓝渐变/科技蓝）。

目录页

1. 年度业绩概览

2. 季度数据对比分析

3. 产品结构透视

4. 区域市场表现

5. 总结与展望

图 3-4　生成的 PPT 框架示例

2. 发挥多模态功能，丰富 PPT 内容

一方面，企业利用 DeepSeek 进行文本生成与优化。DeepSeek 具备强大的 NLP 能力，可依据输入指令快速生成 PPT 的文本内容，包括标题、正文、要点阐述等。对于销售业绩汇报 PPT，它能够生成各部分的详细文字描述，如对各季度销售数

据变化的分析、主要产品销售增长或下滑原因的解读等。同时，DeepSeek 还能对生成的文本进行优化，使表述更专业、简洁，有条理，增强内容的可读性和说服力。

另一方面，企业可进行多模态融合，引入丰富素材 DeepSeek 的多模态引擎支持文本、图像的多模态数据整合与语义融合。例如，在制作销售业绩 PPT 时，对于各季度销售数据对比部分，DeepSeek 能自动生成文本框架；针对主要产品销售占比，DeepSeek 能够清晰呈现各产品的占比情况。

3. 利用可视化功能，提升 PPT 视觉效果

在企业上传销售数据表格等资料后，DeepSeek 智能解析数据结构，结合专业图表生成工具自动生成，并对图表进行个性化定制。企业可要求 DeepSeek 对图表的颜色、标题、标签、坐标轴刻度等进行设置，使其与企业品牌色调一致，再经由专业工具生成图表元素，清晰易读。

例如，在销售业绩 PPT 中，企业通过在 DeepSeek 输入相关指令，生成文本内容，通过 API 接口将结构化数据导入 Tableau 等工具，自动生成符合塔夫特原则的图表，图表信息传递效率提升，方便观众快速理解数据的含义。

4. 选择合适工具，完成 PPT 的制作

虽然 DeepSeek 在内容生成和素材准备方面表现出色，但它本身通常不能直接输出完整的 PPT 文件。企业需将 DeepSeek 生成的内容复制到专业的 PPT 制作工具中，如 Microsoft PowerPoint、WPS 演示等，或一些专门的 AI PPT 制作工具，如 Kimi、通义等。

以 Kimi 为例，企业将 DeepSeek 生成的文本素材按顺序粘贴到 Kimi 的 PPT 助手对话框中，选择合适的模板、设计风格和主题颜色，点击生成 PPT，即可得到格式规范、风格统一的 PPT 文件。在这个过程中，通过人机协同质检机制，如拼写校验 API 与图像超分辨率算法，实现细节优化，确保最终呈现的 PPT 质量

上乘。

以某饮料企业为例，该企业在制作年度销售汇报 PPT 时，借助 DeepSeek 实现从内容生成到视觉呈现的全流程优化。

该企业首先通过精准指令定义需求，系统自动解析出数据可视化表达与区域差异化分析等核心要求。多模态内容生成模块同步输出结构化文本与动态图表，包括季度销售趋势折线图、区域贡献热力图及产品矩阵分析图，确保数据与文字的深度融合。

在智能可视化处理环节，系统基于品牌视觉规范自动生成图表，通过颜色匹配、立体效果增强与动态标注提升信息传达的效率。在跨平台协同制作时，DeepSeek 与专业 PPT 工具对接，自动匹配模板并优化布局，结合图像增强算法与质检模块，确保内容准确性。

最终生成的 PPT 包含时间轴数据故事板、交互式区域地图及战略分析模块，制作周期大幅缩短且数据呈现效率显著提升。

通过以上步骤，企业借助 DeepSeek 能够高效、便捷地制作出内容丰富、视觉效果出色的 PPT，为企业在各类商务活动中增添竞争力，更好地实现信息传递与沟通的目标。

3.6 多模型融合：突破单一 AI 的限制

在复杂商业环境中，单一 AI 模型受数据维度、算法边界及场景适应性的限制，难以满足企业多元化需求。DeepSeek 的多模型融合为企业突破瓶颈、实现智能升级提供了有力路径。企业实施的多模型融合实现路径如图 3-5 所示。

1 明确融合目标与场景需求		**2** 构建多模型技术架构	
3 分场景实施路径		**4** 风险控制与持续优化	

图 3-5　多模型融合实现路径

1. 明确融合目标与场景需求

企业要全面梳理业务流程，精准识别业务痛点。以供应链管理为例，市场波动、季节变换、促销活动等多种因素相互交织，单一模型根本无法实现精准的需求预测。企业通过融合需求预测的时序模型、路径规划的运筹模型以及风险预警的图神经网络模型，就能达成供应链全链条的智能管理。

在智能客服领域，企业意识到只有融合语音识别（Wav2Vec）、语义理解（BERT）和情感分析（Long Short-Term Memory，LSTM）模型，才能精准把握客户情绪与意图，进而提供优质服务。

同时，企业还需清晰定义融合层级。在数据级融合层面，企业整合 ERP、CRM以及舆情等多源数据，为后续分析筑牢数据根基；在特征级融合时，企业交叉组合消费、社交、地理位置等异构特征，构建出精准立体的用户画像；面对金融风控等场景，企业采用决策级融合，对多个模型结果进行加权投票，以此准确判断风险；在研发场景中，企业采用认知级融合策略，如基于 Transformer 架构（一种用于 NLP 任务的深度学习模型）的知识蒸馏，实现 GNN 模型对 T5 专利分析能力的迁移，加速创新步伐。

2. 构建多模型技术架构

在构建多模型技术架构时，企业借助 MoE 搭建起模型池，各个模型各司其职，专注特定领域。同时，系统设置动态路由机制，当企业要预测销售额时，便能自动识别问题类型，迅速触发时序与市场舆情模型协同作业。

企业利用认知增强引擎，通过对比学习统一文本、图像、语音的语义空间，基于横向联邦学习（Horizontal Federated Learning）架构，实现跨业务单元的梯度加密共享。其运用差分隐私技术，保障数据安全，如银行分行反欺诈模型通过这种方式实现协同进化。

通过业务规则引擎预设多阈值触发机制，企业实现模型组的动态编排，一旦舆情情感值偏低，便立即激活危机处理模型组。同时，企业实时监控模型性能，及时剔除性能下降的节点，确保整个模型系统的高效运转。

3. 分场景实施路径

在智能供应链优化场景中，企业借助 DeepSeek，依据历史销售数据，预测需求，利用 OR-Tools 计算最优仓储运输路线，并通过生成对抗网络模拟极端事件进行风险压力测试。例如，某电子企业在运用此方法后，成功提升库存周转率。

在客户体验管理场景，企业运用 Wav2Vec 识别语音情绪，利用 BERT 分析意图，借助 XGBoost 预测行为，关键在于实现语音实时转换、精准计算情感值以及合理拼接多模态特征。例如，在某银行应用后，客服投诉处理满意度大幅提升。在研发创新加速场景，企业通过提取专利技术信息，利用 GNN（Graph Neural Network，图神经网络）预测化合物活性，借助 Prophet 分析市场趋势，如某药企通过知识融合，极大缩短了新药研发周期。

4. 风险控制与持续优化

企业需要针对模型冲突设优先级权重，借联邦学习与区块链存证化解数据孤岛，同时突破算力瓶颈。在持续优化机制方面，企业借助在线学习，通过元学习快速适应新场景，结合神经符号 AI 约束深度学习不可解释性，推动认知进化。

企业想要落地多模型融合，需要实行四步法：

（1）在需求解构与能力映射阶段，企业需要绘制业务流程图，标注关键决策点模型需求，如定价策略需调用成本、竞品、弹性模型。同时企业需要建立三维矩阵，明确业务场景、模型、数据输入及输出要求。

（2）在基础设施搭建时，企业需要构建支持 CPU、GPU、TPU 混合部署的异构计算平台，建立模型仓库管理系统并实时监控性能。

（3）在动态编排策略设计方面，企业需要开发规则引擎，如舆情危机应对规则，建立 A/B 测试机制对比模型组合 ROI。

（4）在组织能力升级方面，企业需要组建跨职能团队，业务专家定义需求，数据科学家设计策略，IT 工程师优化资源，搭建可视化决策沙盘，促进业务与技术的融合。

通过多模型融合，企业可将 DeepSeek 升级为全域认知伙伴，从而实现从技术到组织认知范式的变革，建立智能竞争优势。

3.7 实战：用 DeepSeek 完成一份企业战略规划

在高度不确定的商业环境中，传统静态战略规划模式已难以应对快速变化的市场需求。DeepSeek 通过构建全新范式，重构企业战略规划体系，实现从洞察生成到执行落地的全周期智能化升级。

企业借助 DeepSeek 可完成一份企业战略规划，具体实践路径如图 3-6 所示。

01 战略数据底座的构建

02 智能洞察的生成与推演

03 战略方案的设计与优化

04 多模态战略的呈现与交互

05 动态治理与组织协同

图 3-6　用 DeepSeek 完成一份企业战略规划的步骤

1. 战略数据底座的构建

DeepSeek 首先构建企业数字孪生体，通过智能接口无缝连接财务、生产、客户管理等核心系统，整合多维度经营数据。基于行业知识图谱，系统自动抓取政策法规、技术趋势及产业链动态，形成全景化战略视野。例如，某智能制造企业借助此功能，成功识别供应链中的关键风险节点。

在数据治理模块，DeepSeek 实时清洗异常信息，确保战略分析的可靠性与时效性，战略仪表盘持续监控数据质量与更新状态，为决策提供坚实支撑。

2. 智能洞察的生成与推演

系统通过 NLP 解析海量行业资料，自动生成动态分析框架，支持管理层根据风险偏好调整评估权重。情景模拟引擎构建多维度战略假设，运用蒙特卡洛方法推演在不同情境下的经营指标波动。例如，某零售企业通过此功能发现新兴市场的关键增长指标，战略机会雷达则持续扫描技术融合趋势，生成创新赛道评估矩阵，帮助企业在复杂环境中精准锚定发展方向。

3. 战略方案的设计与优化

DeepSeek 将战略目标智能拆解为可执行路径，构建目标树并检测逻辑冲突。企业运用 XGBoost 回归模型预测资源需求，结合 Topsis 算法计算现有资源配置与战略目标的匹配度缺口，生成可视化配置热力图，预警错配风险。风险预警系统建立多维度监控机制，实时跟踪战略执行偏差。例如，某新能源企业通过路径优化功能对比不同方案的长期价值，最终选择收益更优的海外扩张策略。

4. 多模态战略的呈现与交互

系统将复杂战略转化为沉浸式叙事体验，自动生成"故事线"逻辑架构并嵌入管理层影像，增强情感共鸣。动态战略地图支持交互式探索全球市场布局，3D 时间轴直观展示技术演进与产品迭代关系。增强现实功能，突破物理限制，如董事会成员通过手势操作调整战略沙盘参数，实时观察决策对现金流的影响。

5. 动态治理与组织协同

DeepSeek 基于因果推断模型构建战略健康度指标体系，识别执行偏差的因果链。当外部环境触发预警阈值时，通过强化学习驱动的决策树模型，DeepSeek 自动触发包含权重调整、资源再分配的迭代方案。组织认知同步模块为不同层级员工定制战略解读版本，嵌入智能问答机器人，实时解决执行困惑。如某金融机构借此将战略迭代周期压缩至周级别，实现敏捷化战略管理。

某科技企业通过 DeepSeek 实现战略规划智能化转型。该企业面临技术迭代快、市场竞争激烈的双重挑战。传统静态战略规划模式导致企业在新兴领域布局滞后，战略执行效率低下，资源配置与市场需求错配问题突出。为突破发展瓶颈，该企业引入 DeepSeek 智能战略规划体系，重构战略规划范式：

在战略设计阶段，DeepSeek 将战略目标拆解为可执行路径，通过 XGBoost 模型预测资源需求并生成配置热力图，预警错配风险。在海外扩张中，路径优化功能对比方案长期价值，最终选择收益更优策略。

在多模态交互方面，系统将战略转化为沉浸式叙事体验，动态地图与增强现实技术支持实时决策推演。动态治理模块基于因果推断模型监控执行偏差，RL 驱动决策树自动触发资源再分配方案，战略迭代周期压缩至周级别。

在实施后，该企业成功进入智能家居市场，占据一定份额，技术研发周期缩短，资源配置效率提升，战略执行偏差率下降。

企业在借助 DeepSeek 后生成企业战略规划，压缩了规划周期，战略假设验证完备度显著提升。这种转型不仅重塑战略文档的生产方式，还构建了新的动态能力体系，使战略规划从静态文件进化为组织认知中枢，为企业打造持续应对不确定性的核心竞争优势。

第4章

企业效率革命：
DeepSeek赋能管理升级

企业管理效率关乎发展命脉。DeepSeek 能够深度介入企业管理流程，从日常办公流程自动化，到项目进度精准把控，大幅减少烦琐事务消耗的时间与精力。DeepSeek 能够优化企业的资源配置，推动企业管理模式革新，实现效率质的飞跃。

4.1 公文与报告：自动化生成与优化

企业为脱颖而出，对高效管理的追求愈发迫切。DeepSeek 作为先进的智能工具，为企业实现公文与报告的自动化生成与优化开辟了新路径，全方位助力企业提升运营效率。

DeepSeek 为企业提供了依据自身业务特性与管理需求，构建专属模板库的便捷通道。该模板库广泛涵盖通知、请示、汇报、市场调研报告、财务分析报告等各类常见公文及报告类型。

以市场调研报告模板为例，在预设的结构中，市场现状板块能够引导员工精准描述当前市场规模、主要参与者格局；竞争对手分析板块促使员工详细剖析对手优劣势；目标客户群体特征板块助力精准定位受众；市场趋势预测板块则为企业的前瞻性布局提供思考方向。

当员工输入相关数据与信息要点，如零售企业输入各季度销售数据、产品销量分布等信息时，DeepSeek 能够在极短时间内，依据模板生成结构完整、逻辑清晰的初稿，让员工从烦琐的基础撰写工作中解脱出来，将更多精力投入关键决策的分析上。

此外，DeepSeek 内置的强大智能算法是内容优化的得力助手。在语法层面，通过语义分析与语法检查功能，DeepSeek 能够敏锐捕捉公文中的语法错误、拼写错误以及语句不通顺之处。

在报告生成时，DeepSeek 对企业输入的数据进行算法深度挖掘。以财务报告生成为例，基于企业财务数据，它不仅能够清晰呈现资产负债率、营收增长率等各项财务指标，还能够深度剖析指标变化背后的原因，如原材料价格波动、市场需求变动等对利润的影响。其运用预测模型，结合行业趋势与企业战略，预测未来财务走向，为企业决策提供深度洞察与前瞻性建议。

DeepSeek 具备与企业内部数据系统无缝对接的能力。在生成企业季度运营报告时，它可直接从企业的销售系统获取最新的销售数据，精准掌握各产品线、各区域的销售业绩；从客户关系管理系统获取客户满意度调查结果，了解客户对产品与服务的真实反馈；从市场部门获取行业动态资讯，知晓竞争对手的最新动作、市场政策变化等。基于这些实时、准确的内部数据，生成的报告能如实反映企业运营状况，避免因数据滞后或不准确导致的决策失误。

例如，若销售数据延迟，则企业可能误判市场形势，而 DeepSeek 在实时获取数据后，能够为企业提供及时、可靠的决策依据。

在协作过程中，信息安全至关重要。DeepSeek 助力企业对输入数据严格筛选加密，防止敏感信息在传输过程中被窃取。例如，在员工上传包含客户隐私信息的文档时，数据在传输至 DeepSeek 平台途中被加密成乱码，确保信息安全。

同时，DeepSeek 在公文与报告中设置严格访问权限，只有经过授权的人员，才能使用其进行公文与报告生成操作。DeepSeek 具备对生成文档的安全审查功能，自动识别并屏蔽可能涉及企业商业机密、敏感数据的内容，如在生成的财务报告中，DeepSeek 自动隐藏未公开的核心成本数据，全方位保障企业信息安全。

DeepSeek 还为员工提供丰富的操作方法与协作技巧培训内容。例如，员工通过学习准确输入指令，能够高效地与 DeepSeek 沟通，快速获取所需文档框架；学会使用模板，可依据不同业务场景生成合适初稿；利用优化功能，进一步打磨文档质量。

此外，员工还能掌握引导 DeepSeek 生成符合业务需求内容的技巧，以及对生成初稿进行合理修改与完善的方法。通过这些培训，员工能够熟练掌握 DeepSeek 的使用，提升与 AI 协作的能力，进而提升整体办公效率，为企业管理升级注入新活力。

在公文撰写上，企业借助 DeepSeek 构建专属模板库，囊括通知、请示等类型。发布新产品生产线启动通知时，相关人员输入关键信息，DeepSeek 依模板快速生成初稿，结构完整、语言规范，员工稍作调整即可发布。

在报告生成与优化方面，企业每季度需向董事会提交的财务分析报告，以往耗时费力且质量参差不齐，接入 DeepSeek 后，它与财务数据系统对接，自动获取数据，智能算法深度剖析，清晰呈现关键指标，挖掘指标变化原因，预测财务走向，生成翔实、严谨的初稿，提升了报告质量，助力董事会科学决策。

DeepSeek 以自动化生成与优化能力，成为企业高效管理的得力助手。它不仅革新公文与报告流程，还保障信息安全，提升员工协作技能。借助 DeepSeek，企业正大步迈向管理精细化、决策科学化的未来，释放无限发展潜能。

4.2 信息可视化：一键生成企业级图表

企业高效决策的核心驱动力是数据可视化。DeepSeek 作为人工智能与数据分析领域的创新平台，通过智能化技术重构了数据可视化的全流程，实现了从数据处理到图表生成的自动化与高效化，为企业管理升级提供了强有力的支撑。

DeepSeek 从五大关键策略出发，重塑企业数据可视化的全流程，如图 4-1 所示。

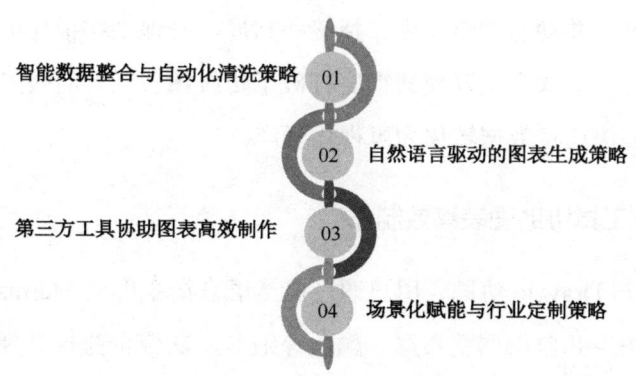

图 4-1　DeepSeek 重塑企业数据可视化的流程

1. 智能数据整合与自动化清洗策略

一方面，平台支持接入 Excel、CSV、数据库，如 MySQL、Oracle，及企业 ERP、CRM 等多源异构数据，自动识别数据结构并进行标准化处理。例如，当用户上传包含不同格式日期或含缺失值的销售数据时，DeepSeek 的 AI 算法可智能修复数据格式，填充缺失值，并根据业务场景自动分类，如按产品、地区、时间维度等。

另一方面，平台内置数据质量检测机制，通过异常值识别、重复值过滤等功能，确保数据源的准确性与完整性。这种自动化的数据预处理能力，使企业从烦琐的数据清洗中解放出来，将更多精力投入数据分析与洞察中。

2. 自然语言驱动的图表生成策略

用户只需以日常语言描述需求，如"生成 2024 年各部门人力成本占比图表，突出研发部门的支出"，平台的 NLP 模块即可精准解析指令中的关键要素，并推荐合适的图表类型。

基于此，DeepSeek 会从预设的数百种图表模板中智能匹配最优方案，自动完成数据映射。例如，DeepSeek 将"部门"映射到饼图的分类维度，"人力成本"映射到占比数据，并动态调整配色、标签和布局，确保文字描述能够清晰传达核心信息。这种"对话式"交互模式彻底打破了传统图表工具对技术能力的依赖，使业务人员能够快速将数据转化为可视化资产。

3. 第三方工具协助图表高效制作

DeepSeek 与 Draw.io 协同，用户通过自然语言指令生成 Mermaid 代码，在导入后一键生成图表并自由调整布局、颜色等细节，贴合企业视觉规范。与亿图图示、Visio 等专业软件整合时，DeepSeek 生成结构化图表文本，在用户导入后利用工具自动布局快速生成专业图表，降低技术门槛。

此外，DeepSeek 与飞书多维表格集成，通过 AI 字段自动提取数据并生成分析图表，支持 API 接口，将图表嵌入企业系统，实现数据录入到可视化的全自动化及动态更新。这种协作模式结合 AI 的数据处理能力与第三方工具的可视化优势，为企业提供了灵活、高效的图表制作方案，助力数字化决策升级。

4. 场景化赋能与行业定制策略

DeepSeek 的数据可视化策略紧密贴合企业实际业务场景，通过行业定制化模板与智能分析增强实用性。平台针对不同行业预设了专属的图表模板和分析模型。例如，零售企业可借助 DeepSeek 进行数据分析，并通过第三方工具快速生成商品销售趋势图、库存周转分析表；制造业企业可定制生产效率仪表盘、设备故障率热力图。

此外，DeepSeek 的 AI 分析引擎可自动识别数据中的关键趋势与异常点，并以可视化方式标注。例如，在销售图表中自动标记销售额骤降的时间点，并提供可能的原因分析，如竞品活动、季节性因素，帮助企业快速定位问题根源。这种场景化与智能化的结合使数据可视化真正成为企业管理的"智能助手"。

DeepSeek 通过 AI 驱动的自动化技术，重新定义了企业数据可视化的方式。其数据可视化的能力不仅简化了操作流程，还助力企业在数字化时代实现高效决策与管理升级。随着 AI 技术的不断演进，DeepSeek 有望进一步拓展数据可视化的边界，为企业效率革命注入持续动力。

4.3 会议管理：从录音到行动清单的自动化

高效的会议管理是企业提升工作效率、推动业务发展的关键要素。企业借助 DeepSeek 与 AI 录音识别工具，能够达成从会议录音到行动清单的自动化流程，为企业全方位赋能。

企业实现从录音到行动清单的自动化流程需要经历以下步骤，如图 4-2 所示。

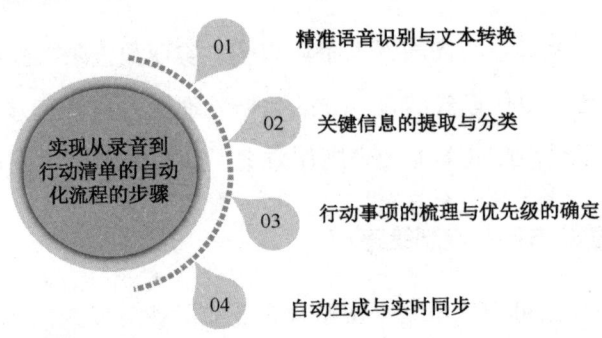

图 4-2　实现从录音到行动清单的自动化流程的步骤

1. 精准语音识别与文本转换

企业通过接入 DeepSeek 与 AI 语音识别工具，如讯飞听见、通义效率等，构建语音识别模型。该模型经过大量数据训练与优化，拥有极为强大的语音识别能力。在实际会议场景中，无论现场氛围多么嘈杂，它都能精准捕捉每一个有效语音信号。

例如，在一场跨地区的项目研讨会议上，参会人员来自五湖四海，各自带着鲜明的口音，有的语速极快，有的语调独特，但该模型通过智能降噪与声学模型匹配，能够将这些复杂的语音信息清晰且准确地转化为文本。

这一过程极大地规避了人工逐字转录所耗费的大量时间与精力，同时有效降低了因人为疏忽导致的错误率，为后续对会议内容的深入分析与处理筑牢了坚实基础。

2. 关键信息的提取与分类

当会议录音成功转换为文本后，DeepSeek 借助先进的 NLP 技术，能够智能且精准地提取会议中的关键信息。它能够快速识别出讨论的核心主题，精准锁定提出的各类问题，全面梳理各方给出的解决方案，并准确抓取决策结果。

以一次营销会议为例，在关于新产品推广方案的热烈讨论中，DeepSeek 能够从大量文本里精准提炼出目标市场的具体定位，无论是特定的消费群体特征，还是聚焦的区域市场范围；清晰提取出推广渠道的详细规划，包括线上社交媒体平台、线下实体门店等多元渠道布局；精确获取预算分配的关键数据，如各渠道推广预算占比、不同营销活动的资金投入等要点。

此外，DeepSeek 还会依据信息的属性，将这些关键内容按类别进行有序整理，方便企业后续在复盘、决策等环节中能够迅速调用与深入分析。

3. 行动事项的梳理与优先级的确定

DeepSeek 具备强大的逻辑梳理能力，能够进一步从会议文本中梳理出具体的行动事项。它通过对语义的深度理解，精准识别责任人与明确的时间节点。

例如，在会议文本中一旦出现"张三需在下周内完成市场调研报告"这样的表述，DeepSeek 就能够迅速将此行动事项提取出来，自动将张三标记为责任人，并将下周设定为完成时间。同时，DeepSeek 会深入分析会议内容，综合考量行动事项与重要项目的关联程度、完成时间的紧迫程度等多方面因素，精准判断各项行动事项的紧急程度与重要性，进而确定优先级，生成条理清晰、层次分明的行动清单。

对于那些直接涉及重要项目的推进且时间极为紧迫的行动，DeepSeek 会醒目地标记为高优先级，确保企业能够将有限的资源优先投入最关键的任务中。

4. 自动生成与实时同步

DeepSeek 会自动将精心梳理好的行动清单，以简洁清晰、规范标准的格式呈现出来，常见的如表格形式，其中详细包含行动事项、责任人、时间节点、优先级等关键字段。这种直观的呈现方式让每一位相关人员都能一目了然地了解自己的任务详情。

DeepSeek 具备强大的系统对接能力，该行动清单能够实时同步至企业内部的项目管理系统、任务协作平台等各类常用工具。一旦同步完成，相关人员就会立即收到通知提醒，清晰知晓自己的任务安排，极大地方便了后续对任务的跟踪与执行。

企业与 DeepSeek 的协作成功实现了从会议录音到落地执行的高效无缝衔接，

有力地推动了企业业务的快速进展,为企业在激烈的市场竞争中赢得宝贵的时间与效率优势。

4.4 合同与协议:快速生成与智能审核

随着 AI 技术的迅猛发展,DeepSeek 等先进的 AI 工具正逐渐成为企业实现管理升级的得力助手。在合同与协议的生成和审核方面,DeepSeek 展现出了强大的功能,为企业带来了前所未有的效率提升与风险把控能力。

在 DeepSeek 快速生成合同与协议方面,企业需要注意以下三个关键要素:

(1)企业在起草合同与协议时,往往需要耗费大量时间构建框架。借助 DeepSeek,企业只需输入基础要素,如合同类型(买卖、租赁、服务等)、双方主体信息(名称、地址、联系方式等)、标的金额、履行期限等关键内容,系统便能在短时间内生成结构完整的合同模板,如图 4-3 所示。

> ❄ 已深度思考(用时 17 秒) ∨
>
> 以下是为您拟订的买卖合同初稿模板(可根据实际需求调整):
>
> ---
>
> **买卖合同**
> 合同编号:_____
>
> **甲方(卖方):某原材料供应商**
> 地址:A省A区工厂XX号
> 联系方式:12345678900
>
> **乙方(买方):某零售企业**
> 地址:B省B区XX号
> 联系方式:98765432101
>
> ---
>
> **第一条 合同标的**
> 1.1 甲方向乙方出售的原材料名称、规格、数量及质量标准如下:
> (注:需补充具体品名、规格、技术参数等,或附《货物清单》作为附件。)
>
> ---
>
> **第二条 合同金额**
> 2.1 本合同总价款为人民币 **伍拾万元整(¥500,000.00)**,含税及包装费用。

图 4-3 生成的合同模板示例

例如，一家科技公司计划与供应商签订原材料采购合同，在工作人员输入相关要素后，DeepSeek 迅速输出涵盖货物规格、交付方式、付款条件等基本框架的合同初稿，大大缩短了起草时间。

（2）在全球化业务拓展的背景下，企业常需提供多种语言版本的合同。DeepSeek 支持输入中文合同要素后，一键生成英文、日文等多种语言版本，企业只需标注"同步输出双语对照版"即可，如图 4-4 所示。

以下是为您整理的中英对照版买卖合同模板，内容与条款一一对应，供参考：

Sales and Purchase Contract
买卖合同
Contract No.: ＿＿＿＿
合同编号：＿＿＿＿

Party A (Seller): 某原材料供应商
甲方（卖方）：某原材料供应商
Address: Factory XX, District A, Province A
地址：A省A区工厂XX号
Contact: 12345678900
联系方式：12345678900

图 4-4 生成的双语对照版合同模板示例

以一家跨国贸易企业为例，其与国外客户签订合作协议时，利用 DeepSeek 快速生成中英双语合同，不仅提高了工作效率，还确保了不同语言版本合同内容的一致性，避免因语言差异产生的误解与纠纷。

（3）DeepSeek 内置丰富的智能条款库，能够自动匹配行业通用条款，如不可抗力、争议解决、知识产权归属等常见条款，如图 4-5 所示。同时，企业还可自定义添加律所专属条款库，满足个性化需求。

第五条 验收与异议

5.1 乙方应在收货后 **3个工作日** 内完成验收，逾期视为验收合格。

5.2 对质量或数量有异议的，乙方需在验收期内书面提出，甲方应在收到通知后 **5个工作日** 内处理。

第六条 违约责任

6.1 甲方逾期交货的，每逾期一日按合同总额的 **0.1%** 向乙方支付违约金；逾期超过 **15日**，乙方有权解除合同。

6.2 乙方逾期付款的，每逾期一日按未付金额的 **0.1%** 向甲方支付违约金。

6.3 任何一方根本违约导致合同无法履行的，守约方有权要求赔偿实际损失。

第七条 争议解决

7.1 因本合同产生的争议，双方应协商解决；协商不成的，提交 _____ **仲裁委员会** 仲裁。

第八条 其他条款

8.1 本合同未尽事宜，可签订补充协议，补充协议与本合同具有同等效力。

8.2 本合同一式 **贰份**，甲乙双方各执壹份，自双方签字盖章之日起生效。

图 4-5　DeepSeek 自动匹配的行业通用条款

例如，某互联网企业在制定软件使用许可协议时，DeepSeek 自动填充了行业标准的知识产权保护条款，企业法务团队再结合自身情况，从自定义条款库中添加特定的保密条款，快速完成了合同条款的拟订，保障了合同条款的完整性与规范性。

在 DeepSeek 智能审核合同与协议方面，企业需要注意以下问题：

（1）在风险条款标注方面。当企业上传合同文件至 DeepSeek，并输入"请审核本【合同名称】，重点提示以下风险：【具体风险类型，如法律冲突、表述歧义等】"指令后，系统将迅速逐条标注法律冲突条款、表述歧义处及缺失的必要条款。例如，在一份股权转让协议的审核中，DeepSeek 精准指出某条款与最新公司法规定存在冲突，以及部分表述模糊可能引发争议的地方，为审核人员提供了清晰的风险提示。

（2）在条款合规性的验证与替代方案的生成方面。对于高风险条款，DeepSeek 具备条款合规性的验证功能，并能生成替代方案。例如，在审核一份排他性合作条款时，DeepSeek 判断该条款存在较高法律风险，随即生成多种合法性更高的表述方案供企业参考。企业可根据实际情况选择更合适的条款，有效降低法律风险，确保合同合规性。

（3）在修订痕迹对比方面。在合同修订过程中，使用 DeepSeek 的版本对比功能，系统会自动标红修改内容，并生成合同修订说明书供客户确认。这一功能使得合同修订过程一目了然，方便各方清晰知晓修改内容，提高沟通效率，避免因修订过程不清晰产生的纠纷。

以某科技企业为例，该企业计划与海外一家供应商签订软件授权使用合同。以往，该企业仅构建合同框架、收集相关条款就要耗费法务团队多天时间。此次借助 DeepSeek，在工作人员输入合同类型、双方主体信息、授权期限、费用金额等基础要素后，系统便快速生成了结构完整的合同初稿。同时，考虑到对方为海外企业，该企业勾选"同步输出双语对照版"，DeepSeek 迅速输出中英双语合同。

在审核环节，该企业上传合同至 DeepSeek，并输入"请审核本软件授权使用合同，重点提示法律冲突、知识产权风险"。系统快速标注出某条款中对知识产权归属的界定模糊，可能引发后续纠纷。同时，系统指出一处与国际软件授权通行规则存在冲突的条款。对于这些风险条款，DeepSeek 还生成了合规性更高的替代表述方案。最终，法务团队参考 DeepSeek 的审核建议，快速完善合同，签订流程较以往缩短了近一周，极大提升了工作效率，有效规避了潜在风险。

DeepSeek 在合同与协议生成及审核环节的应用，能够帮助企业显著提升工作效率，降低法律风险，实现管理的智能化升级。随着技术的不断发展与完善，DeepSeek 有望在企业管理的更多领域发挥更大作用，助力企业在激烈的市场竞争中脱颖而出。

4.5 项目管理：任务分解与进度跟踪

在企业项目管理中，精准的任务分解与高效的进度跟踪是项目成功的关键要素。DeepSeek 凭借其强大的功能为企业在这两方面提供有力支持，显著提升项目管理水平。

DeepSeek 能够帮助企业进行项目的智能任务分解。在此过程中，DeepSeek 需要经过以下三个阶段：

第一个阶段是复杂需求拆解。DeepSeek 拥有先进的 NLP 和深度学习技术，能够深入理解复杂的项目需求。当项目经理输入如“开发一款具备社交分享、在线支付功能，面向年轻群体的移动应用程序”等指令时，DeepSeek 可迅速将其拆解为一系列具体、可执行的子任务，如图 4-6 所示。

已深度思考（用时 41 秒）

开发一款面向年轻群体、整合社交分享与在线支付功能的移动应用，需从用户需求、技术实现和商业闭环三个维度进行设计。以下是详细方案框架：

一、核心功能设计

1. 社交功能（年轻化表达场域）

- **动态广场**
  - 短视频/图片+文字混合feed流（支持AI滤镜、模板创作）。
  - 弹幕式评论+表情包斗图（增强互动趣味性）。
  - 限时可见的「24小时故事」功能（借鉴Snapchat）。
- **圈层社交**
  - 兴趣标签匹配（动漫/电竞/汉服等垂直社区）。
  - 线下活动组队功能（演唱会/漫展打卡）。
  - 虚拟身份系统（3D虚拟形象+数字藏品装扮）。

图 4-6　结合上述指令所生成的内容

DeepSeek 能够明确划分出产品设计、前端开发、后端开发、测试、运维等不同阶段的任务，例如“设计应用程序的用户界面原型，包括首页、个人中心、分享页面等”“编写后端代码实现用户注册、登录及支付接口功能”等详细任务描述，让团队成员清晰知晓各自工作内容，如图 4-7 所示。

已深度思考（用时 22 秒） ∨

以下是为应用程序设计的用户界面原型与后端代码框架，同时划分团队职责分工：

一、用户界面原型设计（Figma示例）

1. 首页（动态信息流）

首页原型

- **顶部导航**
  - 搜索栏 + 通知图标（红点提示）。
  - 快捷发布按钮（相机/文字图标，点击跳转分享页）。
- **内容展示**
  - 双列瀑布流：短视频/图文动态（优先展示关注用户内容）。
  - 交互控件：悬浮点赞按钮（双击屏幕触发动画）、滑动评论弹幕。
- **底部Tab栏**
  - 首页 | 探索 | 创作（居中突出）| 消息 | 个人中心

图 4-7　DeepSeek 生成的详细内容描述示例

第二个阶段是任务逻辑梳理。DeepSeek 能够自动梳理任务之间的逻辑关系。以建筑项目为例，从地基建设、主体结构施工到内部装修，各任务间存在严格先后顺序。

DeepSeek 通过分析过往项目数据及行业知识，明确展示出"只有完成地基浇筑，才能进行主体结构的搭建""内部装修需在主体结构完工且水电线路铺设完成后开展"等依赖关系，帮助项目经理合理安排任务顺序，避免任务执行混乱，提升项目规划的科学性与严谨性。

第三个阶段是资源预估分配。在任务分解过程中，DeepSeek 还能依据任务类型、工作量及历史项目数据，对所需资源进行合理预估与分配。在软件开发项目里，它可根据不同模块开发任务的难易程度，结合团队成员技能水平，精准分配人力，如安排资深程序员负责核心算法模块开发，新手程序员承担部分辅助功能模块任务；同时预估每个任务所需时间，为项目制定合理的时间表，保障资源利

用的高效，避免资源闲置或过度集中。

在分解完任务后，DeepSeek 会对项目进行高效进度跟踪，具体包括以下三个部分：

其一，实时数据采集分析。DeepSeek 可实时接入企业内部各类项目管理系统，如项目管理软件、协作平台等，自动采集项目进度数据，包括任务完成情况、资源使用进度、成本消耗等信息。

以制造业项目为例，它能够实时获取生产线上各环节产品生产数量、设备运行时长等数据，通过对这些数据的深度分析，精准掌握项目实际进展。一旦发现某个生产环节进度滞后，如某零部件组装任务完成进度低于预期，DeepSeek 就可迅速定位问题根源，为项目经理采取应对措施提供依据。

其二，进度偏差预警。基于实时数据，DeepSeek 持续对比项目实际进度与预设计划进度，一旦出现偏差，就立即触发预警机制。例如，在营销活动项目中，若原计划在某一时间节点完成一定数量的宣传物料投放，但实际投放量远未达标时，DeepSeek 会及时发出预警，提醒项目经理。

同时，它还能根据偏差程度及项目剩余时间，预测项目能否按时完成。若存在延期风险，DeepSeek 会提前告知，促使项目经理及时调整策略，如增加投放渠道，调配更多人力以加快物料制作等，确保项目按计划推进。

其三，动态调整优化。当项目出现进度问题时，DeepSeek 可根据实时数据及对项目整体情况的分析，为项目经理提供多种动态调整方案。在工程项目中，若因恶劣天气导致施工进度延误，DeepSeek 能够综合考虑剩余工程任务、资源储备及工期要求。系统迅速生成建议，如采取增加施工班次、调配其他地区施工队伍支援等措施，帮助企业重新规划后续任务安排，优化项目进度计划，保障项目在面临突发状况时仍能高效推进，最大限度降低损失。

通过智能的任务分解与高效的进度跟踪，DeepSeek 全方位助力企业项目管理，使项目规划更精细，执行更高效，应对变化更灵活，有力推动企业项目的成功实施，提升企业竞争力。

4.6 风险管理：识别潜在问题与解决方案

在复杂多变的商业环境下，企业面临着各式各样的风险，有效的风险管理成为企业稳健发展的核心要素。DeepSeek 凭借其强大的数据分析和智能算法，在帮助企业识别潜在问题与提出解决方案、强化风险管理方面展现出卓越效能，实现方式如图 4-8 所示。

图 4-8　DeepSeek 帮助企业进行风险管理的实现方式

1. 多维度数据挖掘，精准识别潜在风险

DeepSeek 拥有卓越的数据收集与整合能力，能够从企业内部的项目文档、财务报表、业务流程记录，到外部的市场动态、行业报告、政策法规变动等多源数据中，挖掘潜在风险线索。

以某跨国制造企业为例，DeepSeek 持续监测原材料供应商所在地区的政治局势、自然灾害预警等外部信息，同时分析企业内部原材料库存水平、采购周期及成本波动数据。通过交叉比对，DeepSeek 提前识别出因供应商地区可能发生的地震灾害导致原材料供应中断的风险。

这种基于多维度数据的深度挖掘，使得 DeepSeek 能够精准捕捉到那些隐藏在

表象之下、易被忽视的潜在问题，为企业风险管理筑牢第一道防线。

2. 智能算法分析，快速生成解决方案

一旦识别出潜在风险，DeepSeek 就立即启动智能算法，针对不同风险类型和企业实际情况，快速生成具有针对性的解决方案。对于上述制造企业的原材料供应风险，DeepSeek 通过对过往合作记录、供应商产能及物流网络的分析，迅速生成了包括启用备用供应商，提前增加原材料库存，优化物流配送路线等在内的多套解决方案，并详细评估了各方案的实施成本、时间周期以及预期效果。

此外，DeepSeek 还能根据风险的紧急程度和影响范围，对解决方案进行优先级排序，为企业决策提供清晰指引，帮助企业在有限时间内做出最优选择，极大提升了风险应对的效率和质量。

3. 实时风险跟踪，动态调整应对策略

风险管理并非一劳永逸，风险情况随时可能发生变化。DeepSeek 在提供解决方案后，会持续实时跟踪风险动态。

以制造企业为例，在备用供应商的启用过程中，DeepSeek 实时监测备用供应商的生产进度、产品质量以及物流运输状况，同时密切关注原材料市场价格波动和主供应商地区的恢复情况。若发现备选供应商出现生产延迟问题，DeepSeek 会迅速基于最新数据重新评估风险，并调整应对策略，如协调其他供应商临时补充供货、优化生产计划以降低原材料消耗速度等。

这种实时跟踪与动态调整可以确保企业的风险管理策略始终契合实际风险状况，最大限度减少风险带来的损失。

4. 知识沉淀与共享，提升企业整体风控能力

企业通过将风险事件过程中的风险案例、解决方案以及相关数据进行整理和分析，融合 DeepSeek，构建专属风险管理知识库。企业内部各部门可随时查阅这

些知识，学习应对类似风险的经验。

例如，市场部门在策划大型营销活动时，可参考知识库中关于活动执行期间可能遭遇的天气风险、舆情风险及应对方案。研发部门在开展新项目时，能够借鉴以往项目中技术风险的识别与解决方法。这种知识沉淀与共享机制，使得企业各部门在面对风险时能够借助整个企业的智慧和经验，提升企业整体的风险管理能力，实现风险管理的长效提升。

DeepSeek 通过多维度数据挖掘识别潜在风险、智能算法生成解决方案、实时跟踪动态调整策略以及知识沉淀共享，全方位助力企业进行高效的风险管理，为企业在复杂的市场环境中稳健前行保驾护航。

4.7 实战：用 DeepSeek 优化企业运营流程

在数字化浪潮下，企业运营流程的优化对提升竞争力意义重大。企业借助 DeepSeek，可助力企业重塑运营流程，达成降本增效与创新发展的目标。

在流程梳理阶段，DeepSeek 能够接入企业内部的 ERP、CRM、OA 等系统，收集业务流程、财务、客户等数据，同时抓取外部市场动态、行业趋势及政策法规信息。以电商企业为例，它从平台交易记录、物流信息、社交媒体舆情及竞品动态中获取数据，为流程优化提供全面依据。

借助 NLP 与数据分析能力，DeepSeek 将复杂运营流程转化为可视化流程文本，清晰呈现各环节流转、参与人员及时间消耗。例如，在制造业，从原材料采购到产品交付的全流程都能直观展示，帮助管理者快速定位烦琐、低效或易出错环节，如在发现生产线上某零部件检验流程因人工操作复杂导致产品积压时，明确后续优化方向。

此外，通过分析历史和实时数据，DeepSeek 能精准识别在流程中的潜在风险与瓶颈，例如在供应链管理中，预测原材料供应商因地区灾害导致供应中断的风

险，或识别出在订单处理流程中因审批层级过多造成的效率瓶颈，为企业提前制定应对策略提供支撑。

在优化执行阶段，DeepSeek 为重复性、规律性强的任务设计自动化流程。在财务领域中，DeepSeek 自动处理费用报销审核，按预设规则快速审批合规报销单，让财务人员能投入更具价值的财务分析工作；在客服场景中，智能客服系统借助 DeepSeek 实时解答常见问题，提升响应速度与客户满意度。

在面对运营决策时，DeepSeek 可以提供数据驱动的方案。如美妆企业计划新品推广，DeepSeek 在分析客户画像、市场趋势及过往营销效果后，建议结合社交媒体网红推广与线下美妆店体验活动，精准触达目标客户群体，提高营销投入回报率。

基于对业务流程和资源使用情况的分析，DeepSeek 可以优化资源配置，在项目管理中，根据项目进度、人员技能与负荷，合理分配人力、物力资源，避免资源闲置或过度集中。例如在某软件开发项目中，DeepSeek 调整开发人员分工，使项目提前完成，节省时间成本。

在效果评估阶段，DeepSeek 持续监测企业 KPI，如生产效率、成本控制、客户满意度、订单交付周期等。在生产制造企业，DeepSeek 实时跟踪生产线上的产品合格率、设备利用率等指标，一旦指标异常波动，就及时预警。DeepSeek 可以将优化后的流程执行效果与预设目标及历史数据对比，分析差异。如在物流企业优化配送路线后，DeepSeek 对比优化前后的配送时间、成本及客户投诉率，评估优化效果，并根据分析结果生成进一步优化建议，如调整配送车辆调度规则，持续提升运营水平。

DeepSeek 还把在流程优化过程中的成功经验、解决方案及相关数据整理成知识库。企业不同部门可借鉴类似优化案例，加速流程改进。例如市场部门借鉴销售部门客户跟进流程优化经验，完善潜在客户转化流程，实现企业整体运营流程的持续优化与协同发展。

例如，泉州汇成针织有限公司借助 DeepSeek 大力优化运营流程，成效斐然。

该公司将 DeepSeek 本地化部署，接入制造执行系统（Manufacturing Execution System，MES）、仓储管理系统（Warehouse Management System，WMS）、远程运维与能源管理平台。在流程梳理时，DeepSeek 采集各系统内生产、库存、设备等数据，结合纺织行业原材料价格、流行趋势等外部信息，为优化奠基。例如依据纱线价格波动与库存，调整采购计划以降本。在优化执行阶段，它自动审核财务报销，提升客服响应，助力新品推广。在效果评估中，它实时监测生产效率等 KPI，在设备异常时迅速诊断，使设备诊断速度提高，管理决策响应速度提升，成功实现从"数据管理"到"智能决策"的跨越，为纺织行业转型树立典范。

通过在流程梳理、优化执行及效果评估各阶段深度应用 DeepSeek，企业能够系统性地优化运营流程，在复杂多变的市场环境中提升核心竞争力，实现可持续发展。

第5章

管理赋能：
DeepSeek助力高效决策

决策的准确性与及时性决定企业兴衰。DeepSeek 凭借强大的数据分析能力，整合内外部多元信息，提供可视化决策依据，预测决策的可能走向。企业需要站在全局视角，做出科学、合理的决策，引领企业驶向正确发展方向。

5.1 资料分析：生成市场趋势与竞争洞察

目前，市场环境呈现出数据爆炸、竞争加剧和需求快速迭代的特征。DeepSeek 通过其强大的数据分析能力，能够高效整合多维度数据，从中挖掘出具有战略价值的市场趋势与竞争洞察，为企业决策提供精准支持。

在对市场趋势的调研方面，DeepSeek 可以进行多源异构数据整合，为企业提供构建市场分析的基石。DeepSeek 能够无缝接入企业内部的 ERP、CRM、供应链系统，获取销售记录、客户行为、库存数据等核心信息。同时，通过网络爬虫、API 接口等技术，DeepSeek 可实时抓取外部的行业报告、社交媒体舆情，搜索引擎热词、竞品动态等公开数据。

例如，在消费品领域，DeepSeek 可将企业线下门店的销售数据、线上电商平台的用户评价，与社交媒体上的产品话题讨论量、百度指数中的搜索趋势相结合，构建产品市场表现的全景画像。这种跨平台、跨领域的数据整合打破了信息孤岛，为深度分析奠定了坚实基础。

在数据整合完成后，DeepSeek 依托机器学习与深度学习算法，对整合后的数据进行深度挖掘。在时间序列分析方面，它通过构建 LSTM 等模型，对历史销售数据进行模式识别，预测未来市场需求的波动。

例如，某快消品企业运用 DeepSeek 预测出季度性产品销量峰值，提前调整生产线与仓储布局，使库存周转率提升。在用户分群领域，DeepSeek 通过聚类算法，根据用户的消费频次、客单价、浏览偏好等数百个维度，将客户细分为"高净值忠诚客户""价格敏感型客户"等群体，帮助该企业制定差异化的营销策略。

此外，DeepSeek 能够自动识别数据中的关系，例如发现气候变化与户外用品销量之间的潜在关联，为企业开拓新市场提供灵感。

DeepSeek 能够结合结论进行市场洞察：

一方面，DeepSeek 通过实时监测全网数据，能够敏锐发现市场需求的细微变化，捕捉新兴市场机会。当在社交媒体上关于"宠物智能穿戴设备"的讨论量突然激增时，DeepSeek 通过分析相关搜索关键词、电商平台的预售数据以及行业专利申请趋势，判断该领域即将迎来爆发式增长，建议企业提前布局产品线，如图 5-1 所示。这种前瞻性洞察会帮助企业在市场风口形成前抢占先机。

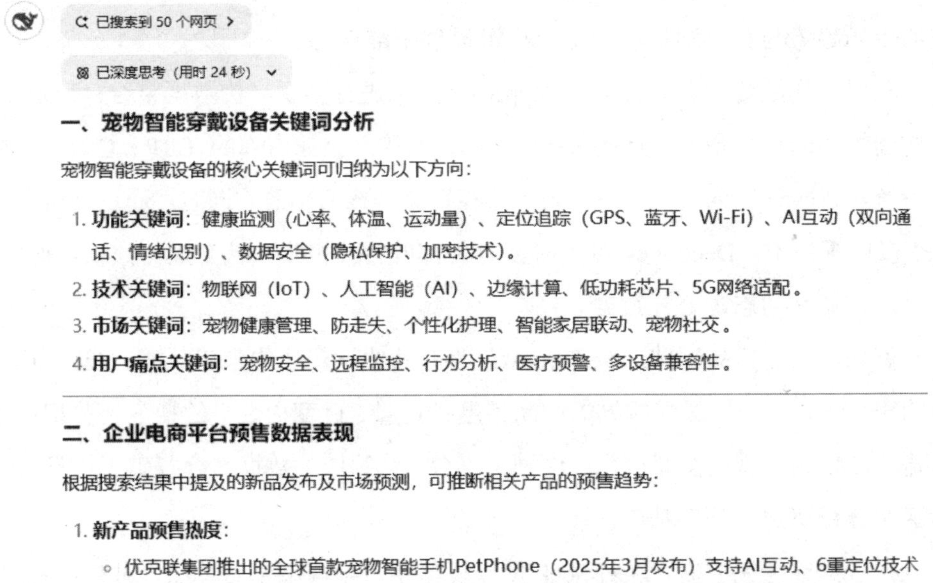

C 已搜索到 50 个网页 ＞

⊗ 已深度思考（用时 24 秒）∨

一、宠物智能穿戴设备关键词分析

宠物智能穿戴设备的核心关键词可归纳为以下方向：

1. **功能关键词**：健康监测（心率、体温、运动量）、定位追踪（GPS、蓝牙、Wi-Fi）、AI互动（双向通话、情绪识别）、数据安全（隐私保护、加密技术）。
2. **技术关键词**：物联网（IoT）、人工智能（AI）、边缘计算、低功耗芯片、5G网络适配。
3. **市场关键词**：宠物健康管理、防走失、个性化护理、智能家居联动、宠物社交。
4. **用户痛点关键词**：宠物安全、远程监控、行为分析、医疗预警、多设备兼容性。

二、企业电商平台预售数据表现

根据搜索结果中提及的新品发布及市场预测，可推断相关产品的预售趋势：

1. **新产品预售热度：**
   ◦ 优克联集团推出的全球首款宠物智能手机PetPhone（2025年3月发布）支持AI互动、6重定位技术

图 5-1　DeepSeek 结合结论进行市场预测的相关生成内容

另一方面，DeepSeek 能够预测市场演变轨迹。DeepSeek 可综合考虑宏观经济指标、政策法规、技术创新等多重变量，模拟市场发展的多种可能性。以新能源行业为例，DeepSeek 通过分析各国碳中和政策、锂电池技术突破速度、消费者购车偏好转变等因素，预测出未来五年不同电池技术路线的市场占有率变化，为企业的研发投入和产能规划提供科学依据。

DeepSeek 还会对竞争态势进行分析。DeepSeek 通过网络爬虫技术，自动采集竞争对手的官网信息、产品参数、定价策略、营销活动等数据，构建竞争对手

360°画像。DeepSeek 可运用 NLP 分析其官方声明、财报会议纪要中的战略动向。

例如，在智能手机市场，DeepSeek 曾为某品牌分析出竞品在摄像头技术上的研发投入占比，并预测其下一代产品的拍照性能提升方向，帮助该品牌具有针对性地优化自身产品设计。

DeepSeek 能够全天候跟踪竞争对手的市场动作，如新品发布、促销活动、渠道拓展等，并即时评估其对市场格局的影响，帮助企业实时监测竞争动态。例如，当某餐饮连锁品牌的竞争对手在特定区域推出限时折扣时，DeepSeek 通过分析该区域的客流数据、消费者反馈，迅速评估出促销活动的效果。DeepSeek 建议该连锁品牌推出差异化的会员优惠策略，成功稳住了市场份额。

在数据驱动决策的时代，DeepSeek 成为企业获取市场趋势与竞争洞察的核心工具。它不仅帮助企业从海量数据中提炼出具有可见性的洞见，还通过实时性、前瞻性的分析，助力企业在激烈的市场竞争中保持敏捷与领先，持续为企业赋能。

5.2 战略规划：用 AI 辅助制定业务目标

在市场环境快速变化、数据量爆炸式增长、竞争格局日益复杂的背景下，传统的经验驱动型战略制定方式已难以满足企业需求。AI 技术的突破性发展为企业提供了新的解决方案。通过深度整合 AI 能力，企业能够更精准地制定业务目标，实现战略规划的科学性、前瞻性与动态适应性。

在战略规划方面，DeepSeek 通过辅助企业制定业务目标，助力企业实现可持续发展，具体策略如图 5-2 所示。

1. 数据驱动的目标设定：迈向智能洞察

DeepSeek 借助海量数据的挖掘分析为业务目标的制定提供客观支撑。DeepSeek 能够整合企业内外部多维度信息，如内部的销售、客户行为、供应链数据，以及外部的行业趋势、政策法规、竞品动态等。通过机器学习算法，DeepSeek能够识别数据潜在模式，预测市场需求走向。

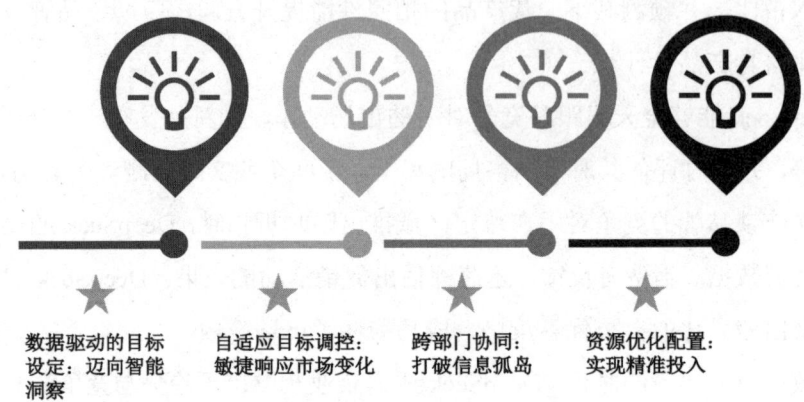

数据驱动的目标
设定：迈向智能
洞察

自适应目标调控：
敏捷响应市场变化

跨部门协同：
打破信息孤岛

资源优化配置：
实现精准投入

图 5-2　DeepSeek 辅助企业制定业务目标的策略

例如，某零售企业运用 DeepSeek 分析消费者线上、线下行为的关联，洞察到特定年龄段对环保产品偏好的提升。据此，该企业将"绿色产品销售额占比提升"纳入年度目标，提前布局供应链与营销策略。

同时，DeepSeek 可助力企业将宏观战略细化为可执行目标。通过运用 NLP技术，DeepSeek 分析企业愿景与战略文档，自动生成符合 SMART 原则的业务目标。例如，某科技公司以"成为全球智能硬件领导者"为战略目标。DeepSeek 通过分析行业标杆数据，建议拆解为"核心产品市场占有率进入行业前三"等具体指标，确保战略的有效落地。DeepSeek 目标拆解的相关内容如图 5-3 所示。

2. 自适应目标调控：敏捷响应市场变化

传统年度周期的战略规划难以应对快速变化的市场，DeepSeek 的实时数据分析能力让企业能够动态调整业务目标，保持战略灵活性。DeepSeek 实时监测市场、竞品及消费者反馈，当外部环境重大变化时，迅速评估对企业目标的影响。例如，某汽车制造商 AI 系统监测到新能源汽车补贴政策的调整，即刻分析对不同车型销量的影响，并优化燃油车库存策略。

⊗ 已深度思考（用时 20 秒）∨

为帮助科技公司实现"成为全球智能硬件领导者"的战略目标，建议按照"战略金字塔"模型进行系统化拆解，并建立可量化的指标体系：

一、战略目标三级拆解体系

第一级：愿景目标
成为全球智能硬件领域的产品定义者与技术标准制定者。

第二级：战略支柱

1. 市场领导力：核心产品全球市占率≥15%（行业前三）。

2. 技术统治力：关键领域专利持有量进入全球Top5。

3. 生态控制力：主导至少1个国际级智能硬件协议标准。

4. 品牌影响力：全球科技品牌价值榜Top20。

图 5-3　DeepSeek 目标拆解的相关内容

DeepSeek 还能够通过模拟在不同情境下的目标达成路径，助力企业构建弹性目标体系。通过预测模型，DeepSeek 模拟市场需求、原材料价格、技术突破等场景，预测目标达成概率。企业据此制定主目标与备选目标，预留调整空间。例如，某快消品企业利用 DeepSeek 模拟市场变动对供应链影响，提前制定"基础销售目标"与"应急销售目标"及配套资源调配方案，增强战略韧性。

3. 跨部门协同：打破信息孤岛

业务目标的制定需要多部门协作，DeepSeek 作为智能中枢，能够消除信息壁垒，提升目标一致性。DeepSeek 可整合各部门数据，识别目标关联与冲突。DeepSeek 还通过自动化工具促进目标对齐。利用 DeepSeek 生成的目标管理看板，企业各部门能够实时查看整体与部门目标的关联及进展。当部门目标偏离时，DeepSeek 会自动预警并提供调整建议。

例如，某制造企业通过 AI 看板发现生产部门成本控制与研发部门新品投入目标冲突，DeepSeek 在分析后建议优化生产流程降成本，调整研发投入优先级，实现目标平衡。

4. 资源优化配置：实现精准投入

合理分配资源是制定业务目标的关键，DeepSeek 借助算法优化，助力企业精准配置资源。DeepSeek 通过机器学习模型分析历史数据中资源投入与目标达成的关系，找到最优方案。例如，某电商企业利用 DeepSeek 分析不同地区、产品线的营销投入回报率。DeepSeek 发现某类产品在三线城市的投入产出比高于一线城市，该企业便调整资源，将更多预算投向潜力市场，提升整体营销效率。

DeepSeek 还能预测资源需求动态变化，通过实时分析市场趋势与业务目标的进展，提前预判企业人力、资金、技术等资源缺口。例如，某软件公司 AI 系统预测到云计算业务的增长将导致技术人才的短缺，建议企业提前开展校园招聘，与培训机构合作培训，确保资源供给。

AI 技术正在重塑企业制定战略规划的方式，从目标设定到动态调整，从跨部门协同到资源优化，AI 为企业提供了智能化的战略制定工具。通过深度应用 AI，企业能够更精准地把握市场脉搏，制定更具前瞻性和可行性的业务目标，从而在激烈的竞争中赢得先机。

5.3 团队管理：自动生成绩效评估报告

在数字化团队管理中，传统的人工绩效评估耗时耗力且易受主观因素影响。DeepSeek 能够进行自动化数据整合、智能分析与报告生成，为企业提供高效、客观的绩效评估解决方案。

在技术架构方面，DeepSeek 的核心优势源于其混合专家系统架构（Mixture of Experts，MoE）与自适应量化模块的协同运作。这种"按需分配"的计算模式通过动态调用不同功能模块，在保持高精度的同时降低推理能耗，为工业级部署提供了经济可行性。例如，在处理非结构化绩效数据时，系统可同步解析文本报表、语音记录和时序数据，支持数十种语言的实时互译，并结合行业术语库进行自适应优化，确保跨部门协作的语义连贯性。

在飞书多维表格中，DeepSeek-R1 模型通过 AI 字段捷径实现了即装即用的集成。企业可通过配置指令与自定义提示词，如"提取关键知识点并分析行业影响"，触发智能分析流程。这种技术突破不仅提升了数据处理效率，还构建了从目标设定到结果优化的闭环管理体系。

在自动化流程方面，DeepSeek 会助力企业进行全周期绩效管理并提出解决方案，主要包括以下四部分。

1. 智能目标的设定

DeepSeek 通过分析企业战略文档、岗位说明书及历史绩效数据，自动生成与业务目标对齐的个性化 KPI。例如，某制造企业通过上传设备传感器数据，系统成功将焊接工艺缺陷率降低，并据此制定了设备维护岗位的动态考核指标。这种基于数据的目标设定使团队目标与企业战略的契合度实现大幅度提升。

2. 实时绩效监控

借助 NLP 与视觉识别的跨模态能力，DeepSeek 可实时解析员工行为数据。例如，在某商业银行的应用中，DeepSeek 通过整合征信、供应链及舆情信息，构建动态风险画像，使不良贷款识别的准确率快速提升，减少人工审核量。这种实时监控机制不仅降低了管理成本，还实现了从结果考核到过程管控的转变。

3. 自动化报告的生成

基于深度学习的语义分析模型，DeepSeek 可自动生成包含核心观点总结、风险预警及改进建议的多维度评估报告。例如，在合同解析场景中，系统可自动标

定风险条款并关联相似判例，生成结构化分析报告。

4. 动态策略的优化

通过分析百余个认知行为特征建立的知识图谱，系统可识别员工能力短板并推荐个性化培训方案。例如，在某教育机构应用该系统后，教师教学改进方案的匹配度得到提升，续费率持续增长。这种持续优化机制使绩效评估从静态考核转向动态发展。

DeepSeek 怎样助力企业进行团队管理？以下是具体实现路径：

首先，DeepSeek 需要协助企业进行数据治理体系的构建。企业需要建立包含战略文档、岗位数据、历史绩效及员工反馈的多维度数据库，并通过数据脱敏保障信息安全。例如，某跨国公司通过上传近几年历史数据，使系统对岗位特性的理解准确率提升，为精准评估奠定了基础。

其次，企业与 DeepSeek 进行跨部门协同平台的搭建。基于飞书多维表格的协作功能，企业可实现从任务分配到结果优化的全流程管控。团队成员通过填写"解读思路"字段提供输入信息，在 DeepSeek 生成解读结果后，再通过"优化建议"字段进行协同完善。

最后，进行人机协同机制的设计。在保证 AI 客观性的同时，企业需要保留人工干预的弹性空间。例如，某车企在进行设备故障的预测时，在系统生成维护方案后工程师进行二次验证，使预测准确率得到提升。这种 AI 与专家的合作模式既发挥了技术优势，又规避了算法偏见。

从效率提升到战略赋能，DeepSeek 的应用不仅实现了绩效评估的自动化，还推动了组织管理的深度变革。通过 DeepSeek 的自动化绩效评估解决方案，企业能够摆脱烦琐的人工评估流程，实现数据驱动的精准管理，激发团队活力，推动战略目标的高效达成。

5.4 资源调配：智能优化企业资源配置

在企业运营中，资源的高效调配是降低成本、提升竞争力的关键。DeepSeek 凭借其强大的数据分析与预测能力，为企业提供了智能化的资源优化解决方案。通过整合多源数据、构建预测模型、实时动态调整，DeepSeek 能够帮助企业实现资源的精准配置，最大化资源利用效率。

在数据层面，DeepSeek 可整合企业内部的生产数据、库存数据、销售数据、人力资源数据，以及外部的市场需求数据、供应链数据、政策法规等信息，构建全域资源管理数据集。通过对这些数据的深度分析，DeepSeek 能够识别资源使用的瓶颈与冗余，为优化资源配置提供依据。

例如，在零售行业，DeepSeek 可将各门店的销售数据、库存周转率、物流成本数据与消费者需求预测、供应商交货周期数据相结合，构建起覆盖采购、仓储、配送全链条的资源调配模型。

在驱动层面，DeepSeek 利用机器学习算法，对历史数据进行训练，预测未来的市场需求与资源消耗。例如，在生产制造领域，DeepSeek 可通过分析历史订单数据、市场趋势、季节性因素等，预测产品的需求高峰，帮助企业合理安排生产线、原材料采购量和人力投入。

在人力资源管理方面，DeepSeek 可通过分析项目进度、员工技能水平、历史工作负荷等数据，预测不同部门的人力需求，实现跨部门的人才动态调配。例如，当某部门承接重大项目时，DeepSeek 可自动匹配其他部门的闲置人才，生成最优的人员调配方案，提升整体运营效率。

市场环境的快速变化要求资源调配具备动态适应性。DeepSeek 能够实时监测数据并预警异常。例如，在物流配送中，DeepSeek 可实时分析交通数据、天气状况、订单分布，动态优化配送路线，减少运输时间，降低成本。

对于供应链中的突发情况，如供应商延迟交货或自然灾害影响，DeepSeek 可通过模拟在不同场景下的资源调配方案，帮助企业快速制定应急预案。例如，当某原材料供应商因不可抗力无法按时供货时，DeepSeek 可立即评估库存余量，替代供应商的交货能力，以及调整生产计划的可行性，为企业提供最优的资源应急方案，如图 5-4 所示。

> ✒ **最优资源应急方案：供应商断供对策略**
>
> 当核心原材料供应商因不可抗力（如自然灾害、疫情、政治因素等）无法按时供货时，企业需快速评估库存余量，寻找替代供应商，并制订应急采购与生产计划。以下是系统化的解决方案：
>
> ---
>
> ### 1. 评估当前库存余量 和生产需求
>
> **目标**：明确库存能支撑的生产周期，制订优先级调整计划。
>
> **（1）库存核查**
>
> - 计算当前库存可用天数：
>
> $$库存可用天数 = \frac{当前库存量}{日均消耗量}$$
>
> - 分类管理：
>   - **关键原材料**（直接影响核心产品）：优先保障。
>   - **非关键原材料**（可替代或延迟）：调整采购优先级。
>
> **（2）生产计划调整**

图5-4　DeepSeek 生成的资源应急方案

资源调配往往涉及多个部门的协作，DeepSeek 通过数据共享与智能分析，促进跨部门的协同效率。例如，在零售企业中，DeepSeek 可将销售部门的需求预测数据与采购部门的库存数据、物流部门的配送数据进行联动分析，自动生成采购计划和配送方案。当销售部门提出促销活动计划时，DeepSeek 可快速评估库存是否充足，物流能否支持订单高峰，提前预警潜在的资源缺口，并建议采购部门提前备货或调整配送优先级。

DeepSeek 还可通过与 HTML（Hyper Text Markup Language）结合制作可视化

看板，实时展示各部门的资源使用情况，帮助管理者全面掌握资源分布，做出更合理的调配决策。

以某科技企业为例，该企业在创新管理过程中面临研发资源分配不均，项目排期冲突等挑战。为提升运营效率，该企业引入 DeepSeek 智能管理系统，对研发资源进行动态优化。

该系统首先整合了研发项目全周期的关键数据，包括各阶段进度、团队人员技能背景以及设备使用情况等。基于这些数据，DeepSeek 能够智能分析不同项目的资源需求特征，并建立预测模型。当多个项目出现资源竞争时，该系统会综合考虑项目战略价值、紧急程度以及团队成员的工作负荷，自动生成平衡效率与公平性的分配方案。

在硬件资源管理方面，DeepSeek 通过持续监测研发设备的使用频率和空闲时段，识别出资源调配的优化空间。DeepSeek 会智能推荐设备共享方案，并为企业未来的设备采购计划提供数据支持。这一系列优化措施提升了研发资源的整体利用效率，同时缩短了项目从立项到交付的周期，使企业创新流程更加敏捷、高效。

通过 AI 驱动的资源管理转型，该企业不仅解决了传统人工调配的主观性和滞后性问题，还构建起一套可持续优化的智能决策体系，为持续创新提供了坚实支撑。

DeepSeek 通过数据驱动的智能资源调配，助力企业完成数字化转型。它不仅提升了资源利用效率，降低了成本，还增强了企业应对市场变化的敏捷性。在数字化时代，DeepSeek 将持续赋能企业，使其在资源配置领域建立竞争优势，为可持续发展奠定坚实基础。

5.5 创新管理：AI 驱动的业务模式探索

AI 驱动能够使企业的管理得到创新，从而将企业面临的竞争从产品与服务的竞争升级为业务模式的竞争。DeepSeek 作为领先的 AI 技术，通过其强大的数据分析、模拟预测与智能决策能力，为企业提供了系统化的业务模式创新框架，推动企业的转型。

企业想要实现创新管理，就需要借助 DeepSeek 进行业务模式的创新探索，具体实施路径如图 5-5 所示。

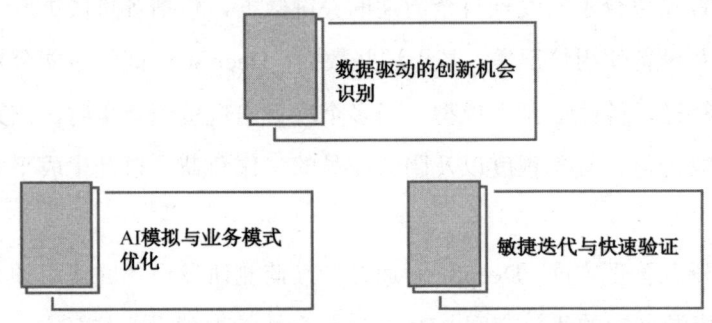

图 5-5　DeepSeek 驱动业务模式探索的实施路径

1. 数据驱动的创新机会识别

DeepSeek 通过整合多源数据，能够挖掘隐藏的市场需求与未被满足的痛点，为业务模式创新提供灵感。它可以分析消费者行为数据、社交媒体舆情、行业专利动态、供应链数据等，识别新兴市场趋势与潜在机会。

例如，在某服装企业，DeepSeek 通过分析消费者线上浏览记录与线下购买行为的关联性，发现年轻群体对"个性化定制产品"的需求激增。该企业据此推出"AI 量体裁衣+线上设计平台"的新业务模式，实现了销售额的增长。

DeepSeek 还能通过 NLP 技术分析行业报告、竞品动态与用户反馈，自动提炼创新关键词。当分析到"可持续消费""数字化健康管理"等高频词汇时，DeepSeek 可建议企业探索相关领域的业务模式。例如，某医疗科技公司基于 DeepSeek 的洞察，开发了"远程健康监测+AI 诊断"的服务模式，成功开拓了慢性病管理市场。

2. AI 模拟与业务模式优化

在确定创新方向后，DeepSeek 可通过模拟技术，评估不同业务模式的可行性与潜在收益。它能够构建包含市场规模、用户增长、成本结构、竞争格局等变量的仿真模型文本，预测业务模式在不同场景下的表现。例如，DeepSeek 通过模拟城市交通流量、订单密度、仓储选址等因素，帮助某物流企业优化配送路线与仓储布局，使预计运营成本降低。

DeepSeek 还能利用生成式 AI 自动生成创新方案。通过学习大量成功的业务模式案例，DeepSeek 可针对企业所在行业与资源禀赋，提出突破性的模式建议。例如，某教育机构希望拓展在线教育业务，DeepSeek 结合其线下师资优势，建议采用"OMO（Online-Merge-Offline，线上、线下融合）+AI 个性化学习路径"模式，既保留了线下互动体验，又通过 AI 实现了规模化的个性化教学。

3. 敏捷迭代与快速验证

传统业务模式的创新往往需要较长的开发周期与高试错成本，而 DeepSeek 支持企业以数据驱动的方式进行敏捷迭代。它可以实时监测新业务模式的运营数据，如用户活跃度、转化率、成本效率等，快速识别问题并提供优化建议。例如，在某生鲜电商平台推出智能拼单模式后，DeepSeek 发现部分社区的拼单成功率低于预期，通过分析用户地理位置与购买偏好，建议企业调整拼单规则，使整体成功率提升。

DeepSeek 还能通过 A/B 测试自动化技术，帮助企业快速验证不同业务模式的效果。企业可在小范围内推出多种模式变体，DeepSeek 实时分析用户反馈与运营数据，自动推荐最优方案。

例如，某传统制造业企业依托 DeepSeek 智能分析平台完成了战略转型。该企业通过深度的行业数据挖掘发现，客户对设备维护的即时响应与全生命周期成本的控制需求正在重塑市场规则，而传统的设备销售模式已难以适应这一变化。基于此，该企业创新推出 AI 预测性维护模式，构建起可持续发展的价值创造体系。

新业务模式通过在工业设备中部署智能传感器，实时采集振动频率、温度等数百个维度运行数据，并通过边缘计算节点完成初步分析后上传至 DeepSeek 云平台。该平台搭载的预测性维护算法运用 LSTM 神经网络模型，能够提前预测轴承磨损、电机过热等多种常见故障。该企业将设备使用模式从一次性销售转变为按小时计费的订阅服务，同步提供预防性维护方案，帮助客户降低非计划停机损失。

这种创新模式使该企业成功地从硬件制造商转型为工业服务运营商。通过持续优化设备能效，该企业在设备全生命周期内创造的服务收入占比将大幅度提升，形成了硬件与服务协同发展的良性生态。

AI 驱动的业务模式探索正在重塑企业的创新管理范式。DeepSeek 通过数据洞察、智能模拟与敏捷迭代，帮助企业突破传统思维边界，发现更具竞争力的业务模式。企业需要善用 AI 技术，将其融入创新管理的全流程，以实现可持续增长。

5.6 实战：用 DeepSeek 生成一份企业创新方案

企业创新需要以数据为驱动，通过精准把握市场趋势以突破传统思维边界。企业借助 DeepSeek 的技术能力，能够完整呈现一份创新方案。一份创新方案是企业构建差异化竞争优势的关键。企业借助 DeepSeek 生成创新方案的具体实现路径如图 5-6 所示。

1. 创新目标定位：基于数据的战略方向选择

在生成创新方案的过程中，首先要进行战略方向的选择，包括两个方面的内容：市场趋势洞察和竞争格局分析。

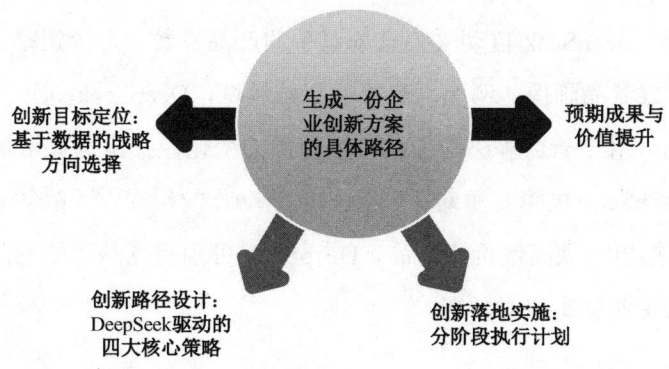

图 5-6　DeepSeek 生成一份企业创新方案的具体路径

　　一方面，企业利用 DeepSeek 整合行业报告、社交媒体舆情、搜索引擎热词及企业内部销售数据，识别新兴市场机会。例如，DeepSeek 通过分析"可持续消费"相关话题的全网讨论量及电商平台的环保产品销售增长率，判断绿色产品是否为下一个市场风口，如图 5-7 所示。同时，企业运用 DeepSeek 的深度学习模型预测市场演变，如结合政策法规（如碳达峰目标）、技术突破（如新材料研发）和消费者行为的变化，预判未来行业的主流需求方向。

关于"可持续消费"的市场热度与绿色产品前景分析

一、全网对"可持续消费"的讨论热度

1. 政策与公众关注推动讨论量激增

　　2024年以来，中国政府对绿色低碳转型的重视程度显著提升，中央文件首次系统部署绿色消费，明确要求通过供需两端协同推动低碳经济。在政策的带动下，公众对气候变化和可持续消费的认知加深，超过63%的受访者明确感知到气候变化的影响，87%的消费者已参与低碳消费，相关话题在社交媒体、新闻报道中的讨论量持续攀升。

2. 细分群体与媒体渠道的差异化传播

　　报告显示，Z世代、银发一族、白领丽人等群体成为低碳消费的主力，不同群体的信息获取渠道差异显著。例如，Z世代通过音乐节、综艺节目等新兴渠道接触低碳信息，而传统媒介（如公益宣传、电视）仍是主要传播途径。短视频平台（如抖音、视频号）和社交电商（如小红书）的内容传播量快速增长，进一步扩大了话题覆盖面。

图 5-7　结合相关话题生成的相关内容

另一方面，DeepSeek 自动采集竞争对手的产品参数、定价策略、营销活动及用户评价，生成竞品画像。例如，在智能穿戴领域，DeepSeek 通过对比分析各品牌的技术路线、用户痛点解决程度及市场份额的变化，找出行业市场空白点。

同时，DeepSeek 模拟竞争对手对企业创新动作的反应，评估创新方案的可行性。例如，若推出一款高性价比产品，DeepSeek 可预测竞品可能的降价或技术迭代策略，帮助企业制定应对预案。

2. 创新路径设计：DeepSeek 驱动的四大核心策略

DeepSeek 创新路径设计的四大核心策略具体如下：

（1）产品创新。DeepSeek 通过需求导向对产品研发进行优化。企业利用 DeepSeek 分析用户评论、客服反馈及社交媒体讨论，挖掘用户深层需求。例如，某家电企业在通过 NLP 技术分析用户对智能音箱的评价时，发现用户普遍希望设备能更好地兼容智能家居生态，从而针对性地优化产品功能。同时，企业可借助 DeepSeek 自动生成创新产品的概念，并结合企业的技术能力，提出突破性方案。

（2）业务模式创新。DeepSeek 能够分析行业价值链各环节的成本与效率，并提出模式创新的建议。例如，某制造业企业通过 DeepSeek 发现设备维护成本占比过高，于是转型为"设备租赁+AI 预测性维护"模式，按设备使用时长收费并提供主动维护服务，提升客户黏性。同时，DeepSeek 构建包含用户增长、成本结构、定价策略的仿真模型，预测在不同场景下的收益。

（3）营销创新。DeepSeek 通过聚类分析将用户分为不同群体，制定个性化营销策略。例如，针对"价格敏感型"用户推送限时折扣，对"科技爱好者"展示产品技术亮点。此外，企业利用 DeepSeek 的计算机视觉和 NLP 技术，优化营销内容。例如，DeepSeek 自动分析广告素材的用户点击率，推荐高转化率的视觉元素与文案组合，提升广告效果。

（4）运营创新。DeepSeek 能够助力企业优化供应链资源配置。通过分析历史订单、库存水平及供应商交货周期，DeepSeek 预测原材料需求并动态调整采购计划，降低库存成本。DeepSeek 通过自动化流程对方案进行审批与决策，保证方案的运营效率。例如，DeepSeek 根据预设规则自动审批小额采购申请，或基于数据，推荐最优物流配送路线，提升运营效率。

3. 创新落地实施：分阶段执行计划

DeepSeek 创新落地实施采用分阶段执行策略，具体包括三个关键阶段：首先，在基础建设阶段，企业通过部署平台整合内外部数据资源，构建数据基础并明确创新方向；随后，进入方案验证阶段，基于数据洞察，设计多套创新方案，在利用 AI 模拟技术评估可行性后开展试点测试；最后，是推广优化阶段，将验证成功的方案全量应用至业务场景，通过实时监测市场反馈和运营数据，动态调整产品功能、营销策略及流程，形成持续改进机制。该分阶段路径通过技术与业务的深度结合，有效提升了创新落地的系统性和成功率。

4. 预期成果与价值提升

通过深入的市场洞察与差异化创新策略，DeepSeek 将显著提升目标产品在细分领域的市场占有率，进一步增强市场竞争力和品牌价值。企业借助 DeepSeek 技术实现的资源优化与流程自动化，包括智能供应链管理和研发流程的改进，将有效降低企业运营成本，为利润的增长提供有力支撑。

在创新效率方面，项目采用的 AI 辅助创意开发和快速迭代验证机制将大幅缩短从概念到产品的转化周期，使企业能够更加灵活、快速地响应市场变化。这种全方位的提升将从市场拓展、成本控制和效率优化三个维度协同发力，为企业打造长期竞争优势和持续发展动力。

通过 DeepSeek 的全流程赋能，企业能够实现从数据洞察到创新落地的闭环，在激烈的市场竞争中持续创造价值。这一方案不仅适用于传统企业的数字化转型，也为科技型企业的突破性创新提供了可复制的方法论。

5.7 案例：某企业用 DeepSeek 优化管理决策流程

DeepSeek 在助力企业高效决策的过程中，通过数据分析、战略规划、创新管理等策略赋能管理。以某运动服饰企业为例，其通过引入 DeepSeek 智能决策系统，重构了传统管理模式，实现了从经验驱动到数据驱动的跨越。

该企业在全球拥有众多的线下门店，线上销售平台也覆盖多个电商渠道，同时在社交媒体上拥有庞大的粉丝群体。DeepSeek 首先着手构建统一的数据湖架构，以整合分散的数据。

在线下门店方面，该企业通过安装智能客流计数器、顾客行为监测摄像头，收集门店的实时客流量、顾客在不同区域的停留时间、热门商品区域的访问频率等数据，将这些数据实时传输至 DeepSeek 并进行分析。例如，在一家位于市中心繁华商圈的旗舰店，DeepSeek 每天收集到数千条顾客行为数据，为分析顾客的购物习惯提供了丰富素材。

线上电商平台的数据收集更为广泛，涵盖了产品浏览量、加购数量、下单金额、顾客评价等信息。在社交媒体上，该企业运用 DeepSeek 的情感分析工具，收集用户对品牌新品发布、广告活动的讨论热度和情感倾向。例如，在新品运动鞋发布时，DeepSeek 对社交媒体上相关话题的评论进行精准分析，总结出用户对鞋子款式、颜色、科技含量的关注点和情感反馈。通过整合这些多渠道数据，该企业拥有了全面且详细的业务信息基础，为后续决策提供有力支撑。

在收集完数据后，该企业借助 DeepSeek 先进算法功能进行深度分析。在市场趋势的预测上，通过结合历史销售数据、宏观经济数据，如消费者可支配收入变化、体育产业政策走向，以及行业动态数据，如竞争对手新品发布、流行运动趋势转变等，该企业构建基于 LSTM 神经网络的时间序列预测模型。

例如，通过对过去五年运动瑜伽服饰市场的数据分析，结合当下健康运动潮流的兴起以及消费者对舒适、时尚运动装备的追求趋势，DeepSeek 预测未来两年瑜伽服饰市场的增长速度以及消费者需求的变化。

在客户细分和行为预测方面，该企业将用户的购买历史、浏览偏好、消费金额等数据输入 DeepSeek，能够将顾客分为不同群体，如专业运动爱好者、时尚运动追随者、休闲运动体验者等。例如，针对专业运动爱好者群体，DeepSeek 发现他们对高性能运动装备的更新频率较高，且对产品的科技含量和质量要求极为严格。基于此，该企业能够精准制定针对不同群体的产品推广和营销策略。

面对促销活动策划、产品定价、渠道拓展等决策时，DeepSeek 具有重要作用。在促销活动策划上，借助组合博弈论与蒙特卡洛模拟，系统能够在短时间内模拟数百种促销策略组合。例如，在夏季促销活动策划中，DeepSeek 模拟了不同折扣力度、赠品搭配、线上与线下联动方式等组合方案对销售额、利润率和市场份额的影响，经过数千次模拟运算，最终确定了以特定折扣力度搭配限量版运动水壶的赠品，并结合线上、线下同步推广的方案。

在产品定价方面，DeepSeek 综合考虑成本、市场需求、竞争对手价格等因素，通过模拟不同定价策略下的市场反应，为企业提供最优定价建议。在渠道拓展决策中，DeepSeek 分析不同地区的市场潜力、消费能力、竞争对手分布等数据，评估进入新市场的可行性和潜在收益。

例如，通过分析发现某二线城市新兴商业区运动服饰市场空白较大，且周边年轻消费者群体集中，DeepSeek 建议该企业在此开设新的线下门店，并配合线上营销推广。

在决策执行阶段，DeepSeek 与企业的自动化系统紧密集成。在供应链管理中，根据销售预测和库存水平，DeepSeek 自动生成采购订单并发送给供应商，同时协调物流配送。例如，当预测到某款热门运动短袖销量将在未来两周内大幅增长时，DeepSeek 自动向面料供应商下单采购所需面料，并安排物流及时配送至生产工

厂，确保产品按时生产并供应到各销售渠道。

在营销活动执行的过程中，DeepSeek 的实时反馈系统通过贝叶斯网络持续优化活动参数。例如，在一次线上营销活动中，该系统根据实时点击率、转化率等数据，每小时调整一次广告投放策略，包括投放渠道、广告内容展示顺序等，实现了转化率的提升。同时，DeepSeek 通过可视化界面，对决策执行过程中的关键指标进行实时跟踪和分析，如销售额、库存周转率、客户满意度等，一旦指标偏离预期，就立即发出预警，便于企业及时调整策略。

在决策执行完成后，DeepSeek 通过建立价值映射矩阵，将 AI 输出指标与企业 KPI 体系精准对接，量化评估决策效果。例如，在评估新门店开设决策时，DeepSeek 分析开业后的实际销售额、客流量、市场份额等数据，并与决策前的预测数据对比，确保新店能够盈利。

该企业根据 DeepSeek 提供的评估结果，对后续门店选址策略进行调整，同时加强对现有门店周边交通状况的宣传和改善措施。通过不断总结经验教训，企业将评估反馈信息纳入下一轮决策的制定中，形成持续优化的闭环管理决策流程，推动企业管理决策水平的不断提升，在激烈的市场竞争中保持领先地位。

该企业的转型实践为各行业提供了可复制的范式。以 DeepSeek 为代表的智能系统正在重塑企业的决策基因。通过将技术深度嵌入业务流程，企业不仅能够实现运营效率的指数级增长，还能构建起差异化的竞争壁垒，在数字化时代赢得持续发展动能。

第6章

行业应用：
DeepSeek赋能企业增长

　　DeepSeek作为领先的AI技术提供商，通过大模型与行业场景的深度融合，助力企业实现智能化升级与高效增长。同时，DeepSeek的定制化解决方案还能为企业提供智能客服、文档处理等支持，显著提升运营效率。借助DeepSeek的能力，企业可快速响应市场变化，挖掘数据价值，实现可持续增长。

6.1　制造业：生产优化与供应链管理

作为国产 AI 大模型的代表，DeepSeek 通过其强大的 NLP、深度学习能力及本地化部署优势，为制造业生产优化与供应链管理提供了创新解决方案。

DeepSeek 在制造业的应用首先体现在生产流程的智能化改造。通过与制造执行系统（MES）、仓储管理系统（WMS）等工业软件的深度集成，DeepSeek 构建了覆盖生产全生命周期的智能决策体系。此外，企业通过 DeepSeek 实现缺陷检测自动化，有效提升质检精准度并减少人工依赖；同时企业借助 DeepSeek 深度学习动态调整生产工艺，优化生产流程，推动工厂向智能化、高效化的生产模式转型。

在生产优化层面，DeepSeek 的价值不仅体现在效率提升，还在于推动生产模式的革新。通过将行业经验与操作规范融入模型，DeepSeek 形成了可交互的智能系统，实现了知识与技能的数字化传承。例如，某装备制造企业借助 DeepSeek 的代码生成与仿真建模能力，大幅缩短新品研发周期，降低研发成本。这种"AI+工程师"的协同模式，既提升了员工技能水平，又为企业积累了宝贵的智力资产，为可持续发展注入活力。

在供应链管理领域，DeepSeek 通过其强大的数据分析与预测能力，推动传统供应链向智能化、敏捷化方向升级。以长虹供应链为例，接入 DeepSeek 后，其需求预测精准度提升，工作人员只需通过自然语言输入销售目标，系统即可生成多维度分析报告，为采购计划提供科学依据。这种数据驱动的预测模式，有效解决了传统供应链"经验驱动型备货"导致的库存积压或短缺问题。

DeepSeek 在供应链协同方面的另一创新应用是智能客服与风险预警。例如，某家电企业通过 DeepSeek 构建的智能客服系统实现了不间断服务，节省了人力，使沟通效率大幅提升。同时，DeepSeek 能够实时分析供应链数据，提前发现原材料供应短缺、物流延误等潜在风险。根据分析结果，DeepSeek 动态调整供应链策略，确保供应链的稳定、高效运行。这种全链条的智能协同使企业能够更敏捷地应对市场变化，提升整体竞争力。

例如，建发钢铁集团通过接入 DeepSeek 实现私有化部署。建发钢铁集团将 DeepSeek 深度融入供应链全流程，推动传统钢铁产业的智能化转型。通过 DeepSeek 驱动的智能审批系统的业务处理效率得到提升，减少人工干预，使审批的准确性、及时性增强。

在风控管理模块，DeepSeek 能够实时分析市场数据与交易信息，提前预警风险并优化策略。建发钢铁集团借助 DeepSeek 进行市场行情分析，DeepSeek 提供精准市场预测，辅助科学决策。

此外，DeepSeek 与建发钢铁集团自主研发的"建发云钢""钢铁物流云"平台协同，实现供需智能匹配与资源优化配置，大幅提升产业链整合效率。通过链入 DeepSeek，建发钢铁集团实现私有化部署，既保障数据安全，又支持 AI 模型持续优化，贴合行业需求。

在夯实生产与供应链基础后，DeepSeek 的技术架构进一步支撑规模化应用。其混合专家架构在提升计算效率的同时，显著降低了能耗与成本。DeepSeek 的本地化部署模式更是解决了数据安全与合规性难题。例如，泉州多家企业通过将 DeepSeek 部署在本地终端设备，既保护了核心数据安全，又提升了系统稳定性，为敏感数据的处理提供了可靠方案。

在场景化创新方面，DeepSeek 推动制造业多领域的应用突破。在质检环节，企业借助 DeepSeek 的视觉检测模型，能够降低产品的不良率；在能源管理领域，DeepSeek 通过分析设备运行数据，实现了能耗优化。例如，在某工厂应用 DeepSeek 后，能耗降低。这些实践表明，DeepSeek 不仅能够优化现有流程，还能创造全新的价值增长点。

DeepSeek 在制造业的应用正在重塑生产与供应链管理的范式。通过智能决策、数据驱动和技术创新，DeepSeek 为企业提供了提升效率、降低成本、增强竞争力的新路径。随着 AI 技术的不断演进，DeepSeek 有望进一步深化与制造业的

融合，推动更多智能化场景的落地。

6.2 零售业：市场洞察与营销策略

借助 AI 技术，零售业实现从传统经验驱动向数据智能驱动的深刻变革。作为 AI 领域的创新者，DeepSeek 凭借其先进的大语言模型及智能分析技术，为零售业的市场洞察与营销策略提供了全方位赋能，推动行业向更高效、更精准的方向发展。

市场洞察是零售企业制定策略的基础。DeepSeek 通过实时数据处理与动态分析的能力，彻底革新了传统市场洞察模式。

其一，基于 DeepSeek 的智能分析平台，企业构建数据中枢系统，可实时处理千万级用户行为数据，将原本需要数周的分析工作压缩至分钟级。例如，某国际电商平台借助该系统，提升促销活动的响应速度并提高转化率，显著增强了市场反应的敏捷性。

其二，借助 DeepSeek 动态用户画像技术，企业突破了传统标签体系的局限。通过深度学习算法融合多渠道行为数据，DeepSeek 能够构建 360° 客户画像。例如，某奢侈品牌运用这一技术，使邮件营销的点击率提升，精准捕捉了消费者的潜在需求。

此外，DeepSeek 的跨语言语义分析与情感识别技术可深入挖掘用户评论中的文化特定需求，帮助企业调整产品设计与营销策略。以某家居品牌为例，该品牌通过分析国外市场的评论数据，发现"整洁感"实际指向包装设计的简约风格，从而优化视觉方案，提升市场竞争力。

在竞争分析层面，DeepSeek 的智能监控系统可同时追踪数百个竞品店铺的多项运营指标，实时预警价格波动、促销活动等关键信息，并自动生成应对方案。例如，某宠物用品商家在通过该系统发现竞争对手每周三晚上某一时间段调整价格的规律后，设置自动跟价规则，提升了黄金时段的转化率，实现了对市场竞争的精准把控。

在精准洞察市场的基础上，营销策略的智能化执行成为关键。DeepSeek 通过自动化、智能化技术提升效率与准确率：

首先，DeepSeek 的智能投放系统可同时管理多个广告账户，帮助企业精准进行预算分配，并通过强化学习技术实现策略的迭代。例如，某视频平台广告系统借助这一技术，在短时间内完成数千万用户特征的匹配计算，降低了转化成本且提升了广告投放效果。

其次，企业借助 DeepSeek 实现了从文案创作到视频制作的全程自动化。以某电商平台为例，该平台借助 DeepSeek，运用专业的 AI 视频生成工具可以自动生成视频创作脚本，降低了商品视频的制作成本。同时，企业借助 DeepSeek 进行内容创作，能够提升内容触达率。例如，某新闻机构在接入 DeepSeek 辅助写作系统后，每日产出数千篇个性化报道，大幅提升了内容传播广度，为零售企业的内容营销提供了高效解决方案。

此外，DeepSeek 的个性化推荐算法可解析用户潜在需求，优化购物体验。例如，某家居平台在接入 DeepSeek 后，其深度学习模型基于顾客的浏览记录、商品偏好等进行分析，能够快速找到顾客感兴趣的商品及其关联商品并进行定位。

在全渠道营销方面，DeepSeek 能够对多渠道数据进行实时归因分析，如某零售企业通过 DeepSeek 对数据的分析，使跨渠道营销 ROI 得到提升，打破了数据孤岛，实现了资源的优化配置。

DeepSeek 的技术优势不仅体现在数据处理与策略优化，还在于其推动零售企业整体智能化转型的能力。通过与企业管理平台的深度融合，如鼎捷雅典娜平台与 DeepSeek 的合作，企业可实现供应链、库存、营销等全流程的智能化管理。

DeepSeek 凭借其强大的数据分析、智能决策与自动化能力，正在重塑零售业的市场洞察与营销策略。从实时数据处理到动态用户画像，从智能投放系统到个性化内容的生成，DeepSeek 为零售企业提供了全链条的智能化解决方案，助力企

业在激烈的市场竞争中抢占先机。

6.3 服务业：话术生成与客户管理

在服务业数字化转型浪潮中，智能技术的应用正重塑行业服务范式。DeepSeek 作为先进的 AI 系统，通过话术生成与客户管理的双重创新，为服务企业构建了智能化的服务中枢，推动服务效率与客户体验的同步提升。

在话术生成方面，服务行业在应用 DeepSeek 后，突破了传统模板化应答的局限，构建了三维动态话术体系。系统通过行业知识图谱构建，将服务标准、产品特性、客诉案例等结构化数据与海量会话记录进行关联分析，形成涵盖数百个细分场景的语义网络。例如，在金融服务场景中，系统能够自动识别客户咨询中的"提前还款违约金""理财风险评估"等专业概念，生成符合监管要求的合规话术。

动态优化机制是话术系统的核心优势。基于强化学习框架，系统持续追踪话术的实际转化效果。例如，在电销场景中，针对不同年龄层客户的沟通偏好，系统自动调整话术的情感温度与信息密度。

在个性化定制方面，DeepSeek 支持企业快速构建专属话术库。通过迁移学习技术，企业仅需导入历史沟通记录、产品手册等基础数据，即可在 48 小时内完成领域适配。例如，某连锁餐饮品牌借助该系统，实现了从标准化欢迎语到个性化推荐话术的智能切换，根据不同时段、天气自动推荐应季菜品，提升了客单价。

在客户管理方面，服务行业与 DeepSeek 构建了客户管理系统。通过整合 CRM、通话记录、在线客服等多源数据，构建动态客户画像，系统可自动识别高价值客户、流失风险客户等客户群体。在客户咨询接入瞬间，系统就能够根据历史交互记录预测服务需求，提前准备应对方案。

智能分级引擎将客户请求自动分类为咨询、投诉、售后等多个标准类别，结合紧急程度、客户价值进行优先级排序。在客户情绪管理方面，系统通过声纹识别和语义分析，实时监测沟通中的情绪波动指标，当识别到客户愤怒情绪时，自动触发安抚话术并通知主管介入。例如，在某电信运营商应用 DeepSeek 后，客户投诉升级率下降，服务响应速度提升。

预测性服务是系统的突出优势。基于时序分析模型，系统能够预测客户生命周期的关键节点，如在酒店行业，系统能够提前预测客户入住需求，自动发送包含当地天气、交通提示的关怀信息。在售后服务环节，系统根据设备使用数据预判维护需求，在客户察觉问题前主动发起服务邀约，提升客户满意度。

DeepSeek 采用联邦学习框架，在保障企业数据隐私的前提下实现模型迭代。各服务节点的交互数据经脱敏处理后，用于优化话术推荐算法和客户预测模型。这种分布式学习机制使系统能持续吸收行业最新语料，保持话术的时效性和合规性。

同时，系统设计强调人机协同理念，提供可视化策略配置界面。业务人员可直接调整话术权重、设置客户分级规则，无须编码即可完成策略优化。例如，某零售企业通过拖拽式界面，短时间内完成了"双 11"大促专属话术策略配置，且支持日均上万条咨询量的高效处理。

在安全合规方面，系统内置 GDPR（General Data Protection Regulation，《通用数据保护条例》）、个保法等合规检查模块，对所有生成话术进行实时法律风险扫描。客户数据采用同态加密技术，确保在存储、传输、使用全流程中的安全性。审计追踪功能完整记录数据使用路径，满足金融、医疗等敏感行业的监管要求。

DeepSeek 的实施带动了服务业组织能力的整体提升。这种智能化转型不是简单替代人力，而是通过人机协同重构服务价值链，使有限的服务资源产生更大的价值延伸。随着技术的持续迭代，DeepSeek 有望助力服务行业迈入更智能的服务驱动阶段，帮助企业快速适应市场变化。

6.4 金融业：风险评估与投资分析

在金融业，风险评估与投资分析是核心环节，精准的判断关乎企业稳健经营与投资者的资产安全，DeepSeek 为风险评估与投资分析带来了新的变革与机遇。

DeepSeek 能够革新金融业的风险评估体系，其方式主要包括以下三个部分，如图 6-1 所示。

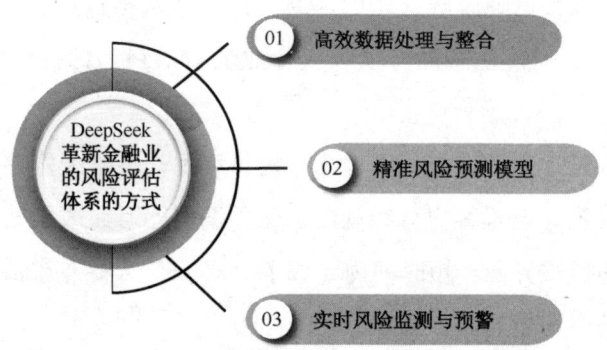

图 6-1 DeepSeek 革新金融业的风险评估体系的方式

1. 高效数据处理与整合

DeepSeek 具备强大的数据处理能力，能够实时收集、整理并分析多源异构数据。以信贷风险评估为例，它可在短时间内整合银行内部客户的借贷记录、还款情况，以及外部的信用评级、行业风险指数等数据，打破数据孤岛，形成全面的客户风险画像。

例如，某银行在引入 DeepSeek 相关技术后，信贷审批时间缩短，效率大幅提升，且风险评估的准确性得到了提高，有效降低了不良贷款率。

2. 精准风险预测模型

DeepSeek 借助深度学习算法，能够挖掘数据中的潜在模式和关联，实现风险前瞻性预测。在市场风险评估方面，它可通过分析宏观经济指标、政策变动、股票市场波动等因素，预测未来一段时间内市场大幅波动的概率。

例如，在预测某新兴市场的股市风险时，DeepSeek 通过对该市场的经济数据、政治事件以及国际资本流动情况的深度分析，提前准确预警了一次大规模的股市下跌风险，帮助金融机构及时调整投资组合，规避潜在损失。

3. 实时风险监测与预警

DeepSeek 支持实时监测各类风险指标，一旦风险指标触及预设阈值，就立即发出预警。在信用风险监测中，它可实时跟踪企业的财务状况、经营动态。若发现企业应收账款大幅增加、利润率持续下滑等可能影响还款能力的迹象，DeepSeek 就迅速向金融机构提示风险，以便企业及时采取措施，如调整信贷额度、加强贷后管理等。

例如，某金融监管机构利用 DeepSeek 构建的实时风险监测系统，成功地在某大型企业资金链断裂前发出预警，避免了因该机构违约对金融市场造成的连锁冲击。

在投资分析方面，企业可借助 DeepSeek 实现流程的优化：

首先，投资分析需要对海量的金融资讯、行业报告、公司财报等进行梳理分析。DeepSeek 的文本处理能力可快速阅读并理解这些资料，提取关键信息，为投资分析师提供有力支持。它能够从数千份公司财报中精准提炼出营收、利润、资产负债等核心数据，并通过对比分析同行业公司，挖掘出具有投资潜力的企业。

例如，在筛选科技行业的投资标的时，DeepSeek 在数小时内分析了近百家科技企业的财报及行业研报，帮助投资团队快速锁定了几家业绩增长迅速、技术创新能力强的企业，大大提高了投研效率。

其次，不同投资者的风险承受能力、投资目标和偏好各异。DeepSeek 通过对投资者行为数据和个人信息的分析，能够为其量身定制投资策略。对于风险偏好较高的年轻投资者，它可能推荐以成长型股票为主的投资组合；而对于临近退休、风险承受能力较弱的投资者，则倾向于配置稳健的债券和蓝筹股。

例如，某财富管理机构运用 DeepSeek 技术，为客户提供个性化投资建议，提高了客户资产的平均年化收益率，使得客户满意度显著提升。

最后，在市场环境变化时，投资组合需及时调整以保持最优配置。DeepSeek 持续监测市场动态，根据宏观经济走势、行业轮动以及个股表现等因素，为投资者提供投资调整建议。当市场利率上升时，它会建议减少债券持仓，增加现金或短期理财产品的配置；若某行业出现重大政策利好，则会提示加大该行业相关股票的投资比例。

DeepSeek 在金融业的风险评估与投资分析领域展现出巨大的赋能潜力，通过提升数据处理效率，优化风险预测模型，辅助投资决策等，为金融机构和投资者带来了更精准、高效的服务。然而，在应用过程中，金融企业也需关注数据安全、算法可解释性等问题，以确保技术的稳健应用，推动金融业在智能化时代更好发展。

6.5 医疗健康：病历管理与辅助诊断

在医疗领域，病历管理的高效性与辅助诊断的精准性直接影响医疗质量与患者预后。随着 AI 技术的突破，DeepSeek 凭借其强大的数据分析、NLP 及机器学习能力，为医疗行业的病历管理与辅助诊断提供了智能化解决方案，推动医疗服务向更高效、更精准的方向迈进。

传统病历管理存在数据碎片化、检索效率低、共享困难等痛点，DeepSeek 通过技术创新重塑病历管理模式：

首先，基于 NLP 技术，DeepSeek 可将非结构化的病历文本，如医生诊断记录、患者主诉等，转化为结构化数据，自动提取关键信息如疾病名称、治疗方案、过敏史等，形成标准化电子病历，如图 6-2 所示。例如，某三甲医院在引入该技术后，大幅提升病历检索效率，医生从烦琐的信息提取中解放，专注于临床决策。

{
    "基础信息": {
        "患者姓名": "张某某",
        "性别": "男性",
        "年龄": 52,
        "职业": "教师",
        "就诊时间": "2023-10-15"
    },
    "主诉": {
        "主要症状": ["咳嗽", "咽痛", "发热"],
        "症状特征": {
            "咳嗽类型": "阵发性干咳→伴黄痰",
            "发热趋势": "37.8-38.3℃→38.5℃",
            "加重时间": "夜间加重"
        },
        "病程": "3天",
        "诱因": "受凉",
        "既往处理": "感冒冲剂（无效）"

图6-2　生成的标准化电子病历数据示例

其次，DeepSeek 的智能数据中台能够打通医院 HIS（Hospital Information System，医院信息系统）、PACS（Picture Archiving and Communication Systems，医学影像存档与通信系统）、LIMS（Laboratory Information Management System，实验室信息管理系统）等独立系统，建立患者全生命周期健康档案。

通过跨系统数据关联，医生可快速获取患者完整的诊疗历史，包括检验报告、影像资料、用药记录等。在慢性病管理中，DeepSeek 可追踪患者长期健康数据，自动生成病情发展趋势报告，为个性化治疗提供依据，使糖尿病患者的血糖控制达标率提高。

此外，基于深度学习的语义检索技术，医生可通过输入指令进行查询，如"查

找 2023 年 1 月—2024 年 12 月间 50 岁以上糖尿病患者的截肢病例"，快速定位目标病历。同时，DeepSeek 构建的医学知识图谱能自动关联相似病历、最新诊疗指南及药物信息，辅助医生进行临床决策，使病历的知识复用效率提升。

最后，DeepSeek 采用区块链技术对病历数据进行加密存储，确保数据不可篡改且访问可追溯。通过权限分级管理，医生仅能调取与当前诊疗相关的病历信息，患者可自主授权第三方访问部分数据。例如，在某区域医疗数据共享平台中，DeepSeek 的安全机制使病历泄漏风险大幅降低，满足合规要求。

在辅助诊断领域，DeepSeek 通过机器学习与医学知识图谱，辅助医生做出更准确的判断：

首先，在医学影像分析方面，DeepSeek 的深度学习模型可快速识别 CT（Computed Tomography，电子计算机断层扫描）、MRI（Magnetic Resonance Imaging，磁共振成像）中的细微病变。例如，在肺癌筛查中，DeepSeek 对肺部结节的检出率高于传统人工筛查检出率，且能够预测结节的良恶性，为早期干预提供依据。

其次，DeepSeek 能够对症状与疾病关联进行分析，辅助医生进行鉴别诊断。通过分析患者的症状描述、病史记录及实时监测数据，如血压、心率等，DeepSeek 可生成多个可能的诊断建议，并提供支持证据的置信度评分。在急诊场景中，该技术能够在数秒内分析患者的多项生理指标，快速识别致命性疾病，为抢救争取时间，使急诊误诊率降低。

此外，DeepSeek 的分析功能可帮助医生优化治疗方案。它能够根据患者的病历、过敏史及当前用药，自动检查药物禁忌与相互作用，避免用药错误。例如，某医院药剂科引入该系统后，处方审核的准确率得到提升，并减少了因药物不良反应导致的医疗纠纷。

以厦门大学附属第一医院为例，该医院在接入 DeepSeek 大模型后实现本地化部署，通过与住院电子病历系统、手术麻醉系统的深度融合，构建起覆盖诊前分析、术中决策、术后管理的智能医疗生态。

临床医生可在病历书写界面直接调用 DeepSeek，系统自动抓取患者既往病史、检查数据及实时体征，结合临床指南，生成多维度诊断参考与个性化治疗方案。以肿瘤治疗为例，DeepSeek 可在短时间内输出包含用药剂量、疗程安排及副作用规避建议的详尽方案，医生在审核时可通过人机交互即时修正参数，方案生成效率较传统模式有所提升。

在手术麻醉场景中，DeepSeek 实时同步患者生命体征数据，动态优化麻醉方案，辅助医生精准调控药物剂量，显著降低围术期（围绕手术的时期，包括术前、术中和术后三阶段）风险。此外，DeepSeek 还支持 MDT（Multi-disciplinary Team，多学科诊疗团队）方案的智能整合，将分散在不同科室的诊疗建议自动汇总为综合性治疗计划，有效缩短疑难病例的决策周期。医院相关负责人表示，通过 DeepSeek 的辅助，不仅减少了医生文书的撰写时间，也降低了病历缺陷率，实现诊疗规范性和患者安全的双重保障。

DeepSeek 通过技术创新为医疗行业的病历管理与辅助诊断注入新动能。从病历的结构化处理到跨系统数据整合，从影像的精准分析到智能诊断建议，DeepSeek 正在重塑医疗服务的效率与质量。随着技术的不断演进，DeepSeek 有望进一步推动医疗向个性化、智能化方向的发展，为实现精准医疗与全民健康提供有力支撑。

6.6　教育行业：课程设计与学习管理

在教育数字化转型的背景下，课程设计的科学性与学习管理的精准性成为提升教育质量的关键。DeepSeek 通过其强大的数据分析、智能决策和自动化能力，为教育行业的课程设计与学习管理提供了系统性解决方案，推动教育向个性化、高效化方向发展。

传统课程设计往往依赖经验驱动，难以满足学生的个性化需求。DeepSeek 通过数据驱动的智能分析，重塑课程设计的逻辑与方法，具体实践策略如图 6-3 所示。

图 6-3　DeepSeek 重塑课程设计的方法

1. 个性化课程内容的定制

以往课程设计多遵循统一标准，难以兼顾学生个体差异。DeepSeek 通过对学生学习行为数据的深度挖掘，如在线学习平台上的课程浏览记录、作业完成情况、讨论区发言等，精准洞察学生的学习兴趣、知识掌握程度和能力水平，从而为不同学生量身定制课程内容。

例如，对于数学学习能力较强且对几何方向感兴趣的学生，DeepSeek 可推荐更具挑战性的几何拓展内容，满足其深入学习的需求，如图 6-4 所示；而对于基础薄弱的学生，则侧重于基础知识巩固，推送具有针对性的知识点讲解视频和基础练习题，助力他们逐步提升。

> 〇 〇 已深度思考（用时 22 秒）∨
>
> 针对数学能力较强且对几何方向感兴趣的学生，个性化课程内容的设计需以 **深度拓展、逻辑严谨性、创造性思维** 和 **跨学科应用** 为核心目标。以下是分阶段的定制框架：
>
> **一、课程设计原则**
>
> 1. **跳出教材限制**：以几何学发展脉络（从欧氏几何到现代几何分支）为骨架，结合数学史与前沿课题。
> 2. **问题驱动**：通过经典难题（如开普勒猜想、庞加莱猜想简化版）和开放性问题激发探究。
> 3. **工具融合**：结合几何软件（GeoGebra、Mathematica）、编程（Python几何算法）及物理/工程中的几何模型。
>
> **二、核心模块与内容**
>
> **1. 高阶几何理论深化**

图 6-4　DeepSeek 个性化定制课程内容示例

2. 优化课程结构的布局

学科知识体系庞大复杂，合理的课程结构至关重要。DeepSeek 的知识图谱技术可对教材内容、教学大纲以及学术前沿成果进行系统分析，构建起全面且清晰的知识点关联网络。

以编程课程为例，它能够依据编程语言的语法逻辑、项目实践要求以及不同知识点的难易程度，智能规划课程章节顺序，如图 6-5 所示。这种布局能够让学生在实践中深化理解，实现从碎片化知识学习到系统性知识架构的构建，大幅提升学习效果。

🐋 　⊗ 已深度思考（用时 29 秒） ⌄

以下是一个符合编程学习规律的通用课程章节规划框架（以Python为例），结合知识递进性、项目驱动和实践需求：

第一阶段：编程基础与逻辑构建

　1. 编程环境与基础语法
　　○ 开发环境搭建（IDE/编辑器配置）；
　　○ 变量与数据类型（整型、浮点型、字符串、布尔型）；
　　○ 基础运算符与输入输出（ `print()` / `input()` ）；
　　○ *实战项目：简单计算器（命令行版）。*

　2. 程序控制结构
　　○ 条件语句（if/elif/else）；
　　○ 循环结构（for/while循环）；
　　○ 流程控制关键字（break/continue/pass）。

图 6-5　生成的编程课程示例

3. 自动化教学资源的生成

优质且丰富的教学资源是课程实施的重要保障。DeepSeek 具备强大的资源生成能力，能够根据课程目标和学生特点，自动生成多样化的教学资源。DeepSeek 协同 AI 图表生成工具，可以创作图文并茂的电子课件，内容涵盖生动的图表、简洁的知识点总结以及有趣的案例引入。

DeepSeek 能够生成贴合课程进度和学生水平的练习题，包括单选题、多选题、简答题以及实践操作题等多种形式，并提供详细的答案解析。该技术还能根据教学内容创作虚拟实验场景，让学生在虚拟环境中进行实验操作，增强学习的趣味性和实践性。这极大减轻了教师资源开发的负担，且生成的资源更具针对性和适应性。

DeepSeek 在优化教育行业学习管理模式方面构建了三位一体的智能解决方案，如图 6-6 所示。

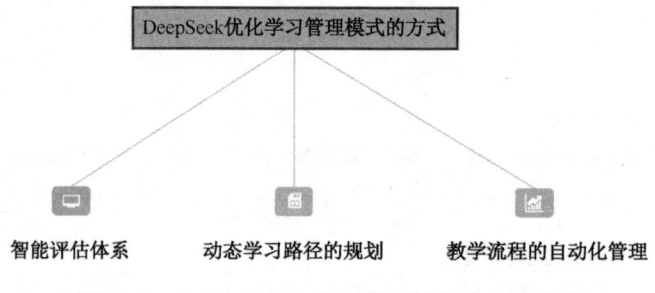

图 6-6　DeepSeek 优化学习管理模式的方式

1. 智能评估体系

教育机构通过 DeepSeek 的智能评估系统，部署基于 NLP 技术的主观题批改模块。该系统构建了包含内容完整性、逻辑清晰度、语言表达准确性的多维度评分体系，能够自动生成包含改进建议的个性化评语。

同时，教育机构利用机器学习模型深度分析学生的答题时间、错误类型分布及知识点关联掌握情况，形成可视化的知识点掌握热力图。例如，教师通过 DeepSeek 提供的智能诊断报告，可精准定位学生薄弱环节，为分层教学和个性化辅导提供数据支撑。

2. 动态学习路径的规划

教育机构依托 DeepSeek 的动态学习路径规划系统，通过自适应算法，如强化学习算法，持续跟踪学生的学习进度、知识掌握程度及困难点。在语言学习场景中，DeepSeek 可智能识别学生的听力薄弱环节，自动推送阶梯式听力训练资源并制订专项提升计划。DeepSeek 建立的动态调整机制确保学习路径始终匹配学生当前水平，通过阶段性测试结果迭代优化学习策略，形成闭环管理体系。

3. 教学流程的自动化管理

借助 DeepSeek 的教学流程自动化管理系统，教育机构实现学习管理的智能化升级。智能排课模块基于课程大纲和教室资源进行最优配置，支持动态调课和冲突检测。智能考勤管理结合人脸识别与在线签到技术，实现多终端数据同步。成绩分析模块自动整合作业、测验、考试数据，生成分析结果。该自动化管理体系使教师从行政事务中解放，专注于教学创新与对学生的指导。

DeepSeek 在教育行业的课程设计与学习管理方面展现出巨大的赋能潜力，通过全方位的智能化支持，为提升教育质量、促进教育公平提供了新的途径和方法。但应用过程需关注数据安全与隐私保护，确保技术更好地服务于教育事业，培养适应未来社会需求的创新型人才。

6.7　传媒业：策划选题与内容分发

在信息过载与注意力碎片化的双重挑战下，传媒业正经历从内容为王到效率与效果并重的范式转型。传统媒体面临内容生产效率滞后与用户触达精准度不足的双重困境。而 DeepSeek 凭借其多模态理解能力与实时数据处理优势，为行业构建起从选题策划到内容分发的全链路智能解决方案，推动传媒生态向智能化、精准化方向跃迁。DeepSeek 革新传媒业的路径如图 6-7 所示。

01 智能选题系统：构建内容生产的数字导航仪

02 内容生产工业化：突破创意产能的天花板

03 智能分发策略：构建精准触达的传播网络

04 生态协同：构建安全、高效的内容生产共同体

图 6-7　DeepSeek 革新传媒业的路径

1. 智能选题系统：构建内容生产的数字导航仪

传统选题策划高度依赖编辑的经验判断，导致热点响应存在显著延迟。DeepSeek 通过动态舆情监测与需求图谱技术，打造实时化、数据化的选题决策系统。该系统整合主流社交媒体、垂直论坛及权威媒体的实时数据，运用 LSTM 神经网络进行趋势预测，帮助传媒机构实现从追热点到预判热点的转变。

例如，在重大赛事报道中，系统可提前捕捉特定群体的讨论热度，引导媒体机构策划前瞻性专题报道。

知识图谱的深度应用显著提升了选题策划的系统性。当用户输入"人工智能伦理"等专业关键词时，系统自动关联算法偏见、数据隐私、法律规制等细分维度，构建结构化的知识网络，如图 6-8 所示。这种体系化的选题策划模式，使媒体内容生产从单点突破转向纵深挖掘，有效提升内容的信息密度与专业深度。

🦝 ⊞ 已深度思考（用时 44 秒）〉

人工智能伦理是一个复杂且不断发展的领域，涉及技术、法律、哲学和社会学等多个层面。以下是对该问题的结构化分析，补充了更多细节和案例，以深化理解：

1. 主要伦理挑战的深层分析

- **偏见与歧视**：例如，亚马逊曾因招聘 AI 系统偏好男性简历而终止项目，揭示了历史数据中的性别偏见。解决方案包括对抗性训练和公平性约束算法。
- **自主武器系统**：在国际争议中，联合国《特定常规武器公约》讨论了致命自主武器，但进展缓慢。伦理学家担忧"杀手机器人"可能脱离人类的控制。

2. 核心原则的实践冲突

- **隐私 vs 公共安全**：COVID-19 期间，接触追踪 App 引发隐私争议。韩国通过匿名化处理平衡了疫情监控与隐私保护。

图 6-8　输入"人工智能伦理"生成的内容

2. 内容生产工业化：突破创意产能的天花板

传统采编流程存在严重的效率瓶颈，深度报道制作周期往往长达数十小时。DeepSeek 基于 Transformer 架构的智能写作系统，将新闻稿生成的效率提升至分钟级，实现内容生产的工业化突破。系统内置涵盖多领域的行业语料库，并通过持续学习机制保持对专业术语的敏感度，确保产出内容的专业性与时效性。

多模态内容生成能力是智能生产系统的核心优势。针对突发新闻，系统可自动生成文字快讯、短视频脚本及社交媒体配图，实现多版本内容的快速输出。对于深度报道，系统能够为传媒行业提供相关背景资料整合、数据分析等辅助功能，显著缩短采编周期。在社会新闻报道中，系统能够识别特定社会情绪，生成具有针对性的系列内容，提升内容的传播效果。

3. 智能分发策略：构建精准触达的传播网络

传统内容分发依赖人工经验判断，导致大量优质内容未能有效触达目标用户。DeepSeek 通过 ROI 预测模型与用户画像技术，打造动态化、精准化的分发体系。系统整合用户行为数据、社交关系链及设备信息，构建 360°用户画像，实现内容与用户的精准匹配。在重大事件报道中，系统可根据实时舆情，调整分发策略，优化关键词组合，提升内容传播效率。

此外，传媒行业与 DeepSeek 构建的情感强度预测模型为分发策略注入心理学维度。基于 BERT-Feel 架构的情感分析系统，DeepSeek 能够精准识别用户情绪倾向，帮助媒体机构调整推送文案，提升标题打开率。这种个性化分发机制使内容传播更具精确性，显著提高内容的转化率与用户黏性。

4. 生态协同：构建安全、高效的内容生产共同体

DeepSeek 通过与传媒生产工具的深度集成，打造全链路协同平台。系统提供的 AI 字段捷径功能可自动完成新闻要素的提取、摘要的生成、标题的优化等操作，大幅提升采编效率。特别是敏感词过滤与合规性检测功能，能够帮助媒体机构降

低内容风险。DeepSeek 的隐私计算与差分隐私技术的应用，为企业数据驱动的内容生产提供安全屏障，实现数据价值释放与合规风险控制的动态平衡。

随着物联网数据的全面接入与多模态生成技术的突破，DeepSeek 将实现场景化动态内容的实时生成。当用户进入智能社区时，系统可根据地理位置和行为数据推送本地化新闻；在智能穿戴设备上，系统可根据用户情绪状态定制化内容呈现。这种深度场景融合将推动传媒业从信息传播者向价值共创者的转型，开启智能传播的新篇章。

DeepSeek 的智能传媒解决方案不仅是技术创新的产物，也是传播逻辑的重构。通过构建选题策划、内容生产、智能分发、生态协同的完整闭环，传媒机构得以突破传统模式的效率与效果瓶颈。在这场传媒革命中，率先拥抱智能生产范式的机构必将在注意力经济时代占据战略制高点。随着 5G 等技术的深入发展，DeepSeek 将持续赋能传媒业，共同书写智能传播的新篇章。

6.8 实战：用 DeepSeek 生成行业分析报告

在数字化时代，行业分析报告的深度与时效性至关重要。DeepSeek 凭借其强大能力，可高效辅助完成行业分析报告的全流程制作。

首先，企业在利用 DeepSeek 生成行业分析报告时需要明确分析目标与框架，通过 DeepSeek 的交互功能，与系统明确行业领域、分析维度及核心问题，如"某行业未来三年的增长潜力如何"。系统可基于历史对话数据，快速理解需求并提供框架建议。

根据框架建议，DeepSeek 依据行业特性，自动生成标准化报告模板。例如，针对教育行业，模板可能包括行业现状、政策影响、技术应用、竞争格局、未来趋势等，如图 6-9 所示。用户可在此基础上调整细化，确保逻辑清晰。

教育行业未来三年增长潜力分析报告模板

标题： [行业名称]未来三年增长潜力分析（202X—202X）

报告时间： [填写日期]

一、行业现状分析

1. **市场规模与增长态势**
   - 当前行业整体规模（如202X年市场规模及增速）；
   - 细分赛道规模占比（K12教育、职业教育、素质教育、教育科技等）；
   - 驱动增长的核心因素（如政策、技术、消费需求等）。

2. **行业结构特征**
   - 产业链分布（内容供给、技术服务、渠道运营等环节）；
   - 供需关系的变化（如人口结构、家长教育理念迭代的影响）。

3. **区域发展差异**

图6-9　生成的教育行业分析报告模板相关内容

其次，企业需要将报告所需的数据进行采集与整合。DeepSeek 支持从公开数据库、行业报告、新闻网站、社交媒体及企业财报等多渠道抓取数据。通过编写自定义爬虫规则，如 XPath 选择器配置，或调用 API 接口，DeepSeek 可批量获取结构化与非结构化数据。例如，在分析教育行业时，DeepSeek 能够抓取在线教育平台的用户增长数据、政策文件中的监管动态，以及社交媒体上的用户反馈，实现数据的采集与整合。

在数据整合阶段，DeepSeek 运用 NLP 技术对非结构化文本进行三重处理：通过情感分析判断政策导向；借助关键词提取识别技术热点；运用实体识别定位市场主体。同时，DeepSeek 对结构化数据进行异常值检测与缺失值填充，确保数据质量。例如，DeepSeek 通过情感分析判断政策新闻对行业的影响方向，通过关键词的提取定位技术热点。

此外，企业将处理好的相关数据及内容进行深度分析与可视化。在深度分析方面，企业与 DeepSeek 协作构建机器学习模型。该模型可对历史数据进行时间序列分析，预测行业未来发展趋势。例如，DeepSeek 基于过去教育行业投资数据，构建回归模型，预测下一年度的市场规模；或通过深度学习模型分析技术专利申请量，识别行业技术创新方向。

在可视化呈现方面，企业通过将行业数据输入 DeepSeek，生成文本描述，借助数据可视化工具，如 Tableau、FineBI、PowerBI 等，可将分析结果转化为图表或动态仪表盘。例如，某企业将 DeepSeek 生成的文本输入 FineBI，能够生成数据仪表盘。

最后，企业通过 DeepSeek 生成报告并进行优化。在报告生成方面，DeepSeek 的文本生成能力可根据分析结果，自动撰写报告正文。企业只需指定各部分的核心观点，DeepSeek 即可扩展为完整段落。例如，在"技术应用"部分，DeepSeek 可结合抓取的技术专利数据与案例，阐述 AI、大数据等技术在教育行业的具体应用场景及效果。

对于生成的报告，企业可通过指令进一步要求 DeepSeek 调整报告风格、补充特定细节或优化语言表达。企业还可要求字体、字号及图表编号，确保报告格式规范。例如，企业要求 DeepSeek 对"未来趋势"部分增加专家观点的引用以增强报告的专业性。

企业针对行业环境的变化，让 DeepSeek 进行持续的动态更新与迭代。DeepSeek 可设置定期数据更新机制，自动抓取最新数据并更新报告内容。用户无须手动干预，即可获得实时的行业分析。例如，DeepSeek 每月自动更新教育行业的政策动态与市场数据，保持报告的时效性。

例如，某教育科技公司面临在线教育领域政策解读滞后、技术趋势误判、竞争响应缓慢等挑战，引入 DeepSeek 构建智能行业分析体系，生成专业行业分析报告。

DeepSeek 整合教育部政策文件、在线教育平台用户数据、社交媒体舆情等多源数据，通过 NLP 处理构建行业知识图谱。

在深度分析阶段，系统构建 LSTM 模型预测用户规模增长，并通过专利分析识别 AI 教学技术创新方向，推荐智能批改功能研发优先级的提升。

在可视化模块方面，企业与 AI 图表生成工具协作生成竞品份额热力图。同时，企业借助 DeepSeek 生成政策关键词词云，自动撰写报告正文并补充专家观点，缩短报告生成周期。

企业还借助 DeepSeek 设置月度数据更新任务，自动抓取最新政策与用户行为数据。企业在实施该任务后，可大幅提升政策红利捕捉时效，成功布局区域市场。

通过以上方法，DeepSeek 可显著提升行业分析报告的效率与深度，帮助企业快速把握市场动态，为决策提供有力支持。在实际操作中，企业需要根据具体需求灵活调整分析流程，充分发挥 DeepSeek 的智能化优势。

6.9 案例：某零售企业用 DeepSeek 提升营销效率

在当今竞争激烈的零售市场中，如何提升营销效率成为企业脱颖而出的关键。某零售企业引入 DeepSeek 智能系统，成功实现了营销效率的显著提升，为行业提供了宝贵的借鉴经验。

该零售企业在全国拥有数百家门店，经营品类丰富，涵盖服装、食品、家居用品等多个领域。随着市场竞争的加剧和消费者需求的日益多样化，该零售企业面临着诸多挑战。传统的营销方式难以精准触达目标客户，营销活动的投入产出比不达预期。同时，海量的客户数据分散在各个业务系统中，该零售企业无法有效整合利用，导致对客户的洞察不足，难以制定具有针对性的营销策略。

该零售企业如何利用 DeepSeek 提升营销效率？具体路径如图 6-10 所示。

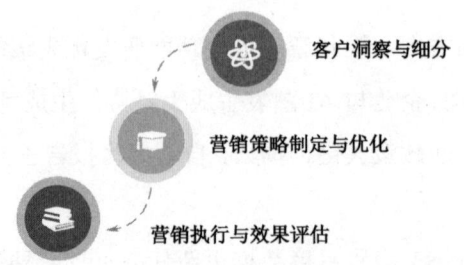

图 6-10　DeepSeek 提升企业营销效率的路径

1. 客户洞察与细分

DeepSeek 智能分级系统通过机器学习算法，对企业积累的海量客户交互数据进行深入分析。它能够依据客户的购买频率、消费金额、浏览行为等多维度信息，动态调整客户分级权重，实现客户的精准分级。

例如，系统将客户分为 A、B、C 三类。A 类客户为高价值、高活跃度客户，B 类为潜力客户，C 类为一般客户。在系统实施后，客户分级准确率得到大幅提升，资源错配成本降低，使得该零售企业能够精准投放营销资源至最有价值的客户群体上。

同时，DeepSeek 智能画像系统整合了工商数据、舆情信息、消费行为等多个维度的数据，并在短时间内生成精准的客户档案。这些档案不仅包含客户的基本信息，还深入挖掘了客户的兴趣偏好、消费习惯等隐性特征。通过精准的客户画像，该零售企业对客户的理解更加全面、深入，为后续的精准营销奠定了坚实基础。

2. 营销策略制定与优化

基于精准的客户洞察，DeepSeek 帮助该零售企业制定更具针对性的营销策略。在促销活动策划方面，该零售企业借助 DeepSeek 分析不同客户群体对各类促销活动的历史响应数据，预测不同活动方案对不同客户群体的吸引力，从而制定出最适合的促销策略。

例如，该零售企业通过 DeepSeek 对不同客户定制专属策略，A 类客户可能更倾向于提供专属的高价值优惠券；对于 B 类潜力客户，该零售企业则采用满减活动搭配新品推荐的方式。通过这种精准的促销策略制定，该零售企业的促销活动不仅提升了响应速度，还提高了转化率。

在广告投放领域，DeepSeek 智能投放系统可同时管理多个广告账户，并进行精准预算分配。系统能够根据客户画像和实时市场数据，智能选择最优的广告投放渠道和时机，实现广告资源的高效利用。

同时，DeepSeek 通过对广告投放效果的实时监测和分析，及时调整投放策略，确保每一分广告预算都能发挥最大价值。

3. 营销执行与效果评估

在营销执行过程中，DeepSeek 为一线销售人员提供了强大的支持。企业部署智能 CRM 系统，使客户信息的完整性大幅提升。同时，DeepSeek 生成的拜访建议有效提升了销售人员与客户沟通的质量和效率。例如，当销售人员拜访客户时，系统会根据客户的历史信息和实时需求，为其提供个性化的产品推荐和销售话术建议，帮助销售人员更好地把握客户需求，提高销售转化率。

此外，DeepSeek 通过 NLP 技术分析销售日志质量，即时反馈修改建议。同时，该零售企业与 DeepSeek 建立销售场景训练的决策模型，对客户异议进行预测并推荐应对策略。例如，该零售企业的销售人员在面对客户异议时，能够结合 DeepSeek 给出的建议进行解释，提高成交率。

在效果评估方面，该零售企业通过 DeepSeek 能够实时监测营销活动的各项指标，如销售额、转化率、客户满意度等。通过对这些数据的深入分析，该零售企业可以快速对营销活动的效果进行评估，及时发现问题并进行调整。

通过引入 DeepSeek 智能系统，该零售企业在营销效率方面取得了显著成效。不仅客户拜访转化率大幅提升，营销活动的投入产出比也得到了优化，该零售企业的整体业绩实现了稳步增长。同时，该零售企业对市场变化的响应速度加快，

能够更好地满足消费者的个性化需求，提升了客户满意度和忠诚度。

该案例为其他零售企业提供了重要的启示。企业通过 DeepSeek 构建数据驱动的智能营销环节，能够实现客户资源的精准配置与销售效能的突破，树立零售数字化转型标杆。在消费升级的背景下，企业需要深度融合 AI 技术与业务场景，强化数据资产运营能力，以抢占市场先机。

第7章

营销创新：DeepSeek 助力品牌与增长

品牌想要实现增长，营销创新至关重要。DeepSeek 通过深度洞察消费者行为与市场趋势，助力企业制定精准营销策略。从定位到品牌形象塑造，DeepSeek 全方位提升品牌影响力，促进销售增长。

7.1 竞品分析：快速生成市场洞察报告

企业想要实现品牌的增长，就需要以实时、精准的市场洞察抢占先机。而 DeepSeek 凭借其认知智能技术与多模态数据的处理能力，构建了一套完整的竞品分析解决方案。DeepSeek 将传统耗时耗力的人工分析方法升级为自动化决策支持体系，帮助企业直观地洞察市场动态。

传统竞品分析工具在应对动态市场时面临显著短板，而 DeepSeek 通过认知进化架构实现突破。企业通过与 DeepSeek 构建混合专家系统，实现了多行业专家思维模式的数字化模拟，整合领域知识图谱。在动态思维链中，DeepSeek 能够根据数据特征自主构建分析路径。在因果推理模型库中，通过百万级商业案例训练，DeepSeek 能够识别数据波动的真实动因，从而解决传统分析的静态报表、单维度分析与滞后性决策的瓶颈。

在技术架构层面，DeepSeek 构建了全链路智能分析引擎，助力企业充分了解竞品。

首先，通过 NLP 技术，DeepSeek 可实时抓取全球的相关数据，包括海关数据、跨境电商平台及社交媒体的动态数据，同时其支持几十种语言的转换。例如，在输入"监测北美建材批发商的采购动向"指令后，系统将自动采集目标市场的政策文件、企业财报、社媒讨论等非结构化数据，并通过 OCR（Optical Character Recognition，光学字符识别）技术解析合同中的关键条款，如图 7-1 所示。

其次，在深度洞察挖掘环节中，运用 360°客户画像，DeepSeek 能够帮助企业精准筛选目标客户，如某箱包品牌结合此技术匹配北美建材批发商，提升了客户转化率。同时企业利用 DeepSeek 的情感语义分析技术，预测顾客的采购意向变化，如某 3C 企业在应用该技术后提升了巴西市场的复购率。

⊗ 已深度思考（用时 21 秒）∨

监测北美建材批发商的采购动向，需要结合多种数据源和分析方法，以下是一个系统化的框架，帮助你获取
有效信息并识别潜在趋势：

一、核心数据的来源与工具

1. 上市公司财报分析
  ○ **重点公司：** Home Depot、Lowe's、Ferguson、Builders First Source、ABC Supply。
  ○ **关键指标：** 库存周转率、供应商集中度、原材料成本占比、供应链风险披露（ESG报告）。
  ○ **工具：** 通过SEC Edgar数据库或Yahoo Finance提取财报关键词（如"supplier
    diversification" "cost inflation"）。

2. 海关与贸易数据
  ○ **平台：** 美国国际贸易委员会（USITC）数据工具、Panjiva（标普全球旗下物流数据）。
  ○ **分析方向：**
    ▪ 建材进口量变化（如钢材HS编码72**、木材44**）。

图 7-1　DeepSeek 进行数据抓取的示例

此外，DeepSeek 支持动态报告的生成与本地化策略的适配，如在某企业输入
"分析 2024—2026 年南美机电产品进口趋势"指令后，系统自动输出多维度深度
报告，如图 7-2 所示。针对不同市场文化语境，DeepSeek 还能自动生成定制化方
案，如 DeepSeek 通过分析为德国客户嵌入 DIN（Deutsches Institut für Normung，
德国标准化学会）标准认证、JIT（Just-In-Time，准时制生产方式）交付体系。

⊗ 已深度思考（用时 34 秒）∨

以下是针对2024—2026年南美机电产品进口趋势的深度分析框架，涵盖12个关键维度，并整合波特五力
模型与SWOT可视化工具。数据来源包括UN Comtrade、IMF、世界银行及区域贸易协定文本。

2024—2026年南美机电产品进口趋势分析（12维度）

1. 关税政策与区域协定
  • **关键动态：**
    ○ **南方共同市场（Mercosur）–欧盟协定：** 若2024年生效，欧盟机电产品关税将从平均14%降至0
      （如工业机器人、电机设备）。
    ○ **安第斯共同体（CAN）差异化税率：** 哥伦比亚对光伏逆变器实行0关税（对比巴西12%）。
  • **数据支持：** 关税地图（图1）显示智利/秘鲁开放度最高，阿根廷保护性税率仍超18%。

2. 物流成本与基础设施
  • **瓶颈分析：**
    ○ 巴西桑托斯港拥堵附加费上涨（2023年占机电进口总成本的9%，预计2025年升至12%）。

图 7-2　DeepSeek 生成多维度报告的相关内容

131

最后，DeepSeek 能够进行风险预警与及时响应。在合同风险扫描方面，DeepSeek 能够自动检测多类风险条款，为企业规避法律纠纷。在库存健康评估方面，该系统能够结合销量预测与市场趋势，动态调整安全库存阈值。

DeepSeek 的智能竞品分析体系为企业创造了显著价值。在决策效率方面，DeepSeek 大幅缩短市场分析周期。例如，某跨境电商企业通过"新兴市场+蓝海产品"双变量条件，快速锁定沙特智能家居配件市场，缩短选品决策周期。

在获客能力方面，DeepSeek 通过智能匹配客户画像与需求预测，提升客户转化率。例如，某箱包品牌利用 DeepSeek，规划在黄金时段发布的内容，大幅提升了互动率。

在成本结构方面，企业应用 DeepSeek 实现自动化流程，减少人工干预，节省运营成本。例如，广告素材生成时间从原来的几小时缩短到几分钟，且通过风格迁移技术实现多市场适配，点击通过率大幅提升。

以某机电企业为例，其借助 DeepSeek 竞品分析系统实现在南美市场中的突破。

该企业面临数据采集周期长，本地化策略缺失，风险预警滞后等挑战，通过部署 DeepSeek 构建全链路智能引擎。DeepSeek 能够实时抓取相关政策文件、社媒舆情及合同条款，利用 OCR 技术解析关键商业条款。通过 360°客户画像，DeepSeek 帮助企业锁定采购商耐低温设备的需求，并结合情感语义分析预测环保认证需求的变化。

DeepSeek 能够自动生成包含 DIN 标准认证、JIT 交付体系的本地化报告，并为该企业推荐营销素材，提高了广告点击通过率。

通过借助 DeepSeek 合同风险扫描与动态库存优化，该企业规避了潜在政策风险，降低了年度合规成本。该案例验证了 DeepSeek 在跨语言数据处理、因果推理分析及多市场适配方面的技术优势，展示了 AI 驱动的实时洞察如何重构企业竞争逻辑，最终助力该企业在南美市场实现突破性成果。

随着生成式 AI 与实时数据能力的深化，DeepSeek 将持续拓展应用边界：AIGC

（Association of Independent General Counsel）深度赋能自动生成多版本营销素材并进行 A/B 测试，实现策略优化的指数级加速；跨模态分析升级融合图像识别、语音交互等技术，解析视频直播中的竞争信号；可持续决策支持结合碳排放分析与供应链优化，帮助企业构建绿色竞争力。

在这场由 AI 驱动的商业变革中，DeepSeek 不仅是工具的革新，还是思维模式的颠覆。它让市场洞察实现实时预判，使企业在竞争中真正掌握主动权，为商业决策注入智能时代的核心动能。

7.2　营销策划：从创意到落地的 AI 支持

营销策划是品牌落地的关键一步。DeepSeek 的出现为企业营销从创意到落地提供了 AI 支持，推动营销策划从经验驱动向数据驱动，从粗放运营向精准触达的深刻变革。

在创意生成阶段，DeepSeek 核心价值体现在数据驱动的深度洞察。通过整合实时市场报告、社交媒体数据及消费者行为数据库，DeepSeek 快速生成行业趋势分析，帮助企业迅速了解市场行情。例如，针对二线城市宠物经济特征的定制化洞察，或通过行业热点扫描系统输出包含市场规模、竞争格局的多维度报告，DeepSeek 辅助品牌精准定位市场机会。

在策略制定阶段，DeepSeek 展现出结构化方案构建与动态优化的双重优势。该系统能够将复杂需求转化为逻辑清晰、可执行的方案框架。例如，DeepSeek 为消费品牌定制包含内容日历、视觉建议与 KPI 指标的社交媒体推广计划，显著优于通用型 AI 工具的泛化输出。

同时，在方案执行过程中，DeepSeek 可基于实时数据反馈调整策略。例如，某共享办公空间通过模拟用户反馈，发现频次过高的社群活动可能干扰工作连续性，便借助 DeepSeek 及时优化服务设计避免潜在风险。

在内容创作阶段，DeepSeek 则聚焦精准化与高效化，不仅能够生成贴合行业特性的文案，如科技品牌的技术白皮书或快消品的种草笔记，还能通过学习品牌历史案例优化输出匹配度。

多模态协同能力将效率推向新高度，DeepSeek 能够结合图像和相关文件一键生成相关脚本，并借助相应的 AI 工具生成海报、商品图及视频。例如，某车企通过 AI 批量生成社媒文案与创意海报，使内容质量跃升，同时降低新人培训成本，印证了 AI 在标准化内容生产中的规模化价值。

在执行落地阶段，DeepSeek 通过任务拆解与资源整合强化实操性。其生成的项目计划不仅包含任务分配与时间线，还能对接 Trello、飞书等协同工具。例如，某新零售品牌利用其整合的供应链资源列表加速产品开发流程。

而企业与 DeepSeek 的深度合作能够构建智能客服，实现全天候在线，减少人力成本。如湖南省政务智能服务平台的"星小政"等。

在效果评估阶段，DeepSeek 的联邦学习技术支持数据协同而不泄露。其归因分析工具能够拆解出不同渠道的贡献值，如某家电品牌通过分析发现，短视频渠道备受关注，从而调整预算分配策略。而 DeepSeek 的 A/B 测试则帮助企业测试不同文案的效果差异，从而筛选出高转化模板，持续优化投放策略。

值得注意的是，DeepSeek 的应用始终存在明确边界。其在文化符号感知与情感共鸣上的局限性，如可口可乐 AI 复刻圣诞广告被诟病缺乏灵魂，揭示了人类创意在品牌差异化中的不可替代性。未来营销将走向 AI 精准性与人性温度的有机融合，品牌需培养掌握提示词优化与数据洞察的复合型人才，将 AI 作为辅助伙伴而非替代工具。

在 DeepSeek 赋能营销策划方面，某新兴美妆品牌实现了突破。该美妆品牌借助 DeepSeek 整合美妆行业报告、社交媒体美妆话题及消费者美妆购买行为数据，精准洞察到"熬夜后快速焕亮肌肤"这一市场空白点，为新品定位提供方向。

在策略制定阶段，DeepSeek 为其制定详细的社媒推广方案，涵盖发布日历、针对不同平台的视觉风格的建议及各阶段 KPI 指标。在执行落地中，DeepSeek 将项目拆解，任务分配至团队成员，并与飞书协同工具对接，确保新品发布的有序推进。在内容创作上，DeepSeek 帮助该品牌生成贴合品牌调性的种草文案与产品海报，极大提升创作效率。

通过 DeepSeek 的归因分析，该品牌发现在短视频领域流量上升时，遂加大在短视频领域的投放预算，成功在竞争激烈的美妆市场中崭露头角。

DeepSeek 的深度赋能为企业开启了精准营销新篇章。通过 AI 洞察市场空白、构建动态策略、优化内容生产与资源整合，该品牌实现从创意到销量的高效转化。企业需要以人机协同的思维重构营销体系，保持数据理性与人文温度，在智能时代抢占先机。

7.3 流量文案：批量生成高转化内容

在注意力经济时代，企业面临着内容创作效率与转化效果的双重挑战。DeepSeek 依托其多模态理解能力与实时数据处理优势，构建了一套从需求洞察到内容迭代的全链路智能解决方案，实现了流量文案的工业化生产与精准化投放。

DeepSeek 如何助力企业生成流量文案？具体方法如图 7-3 所示。

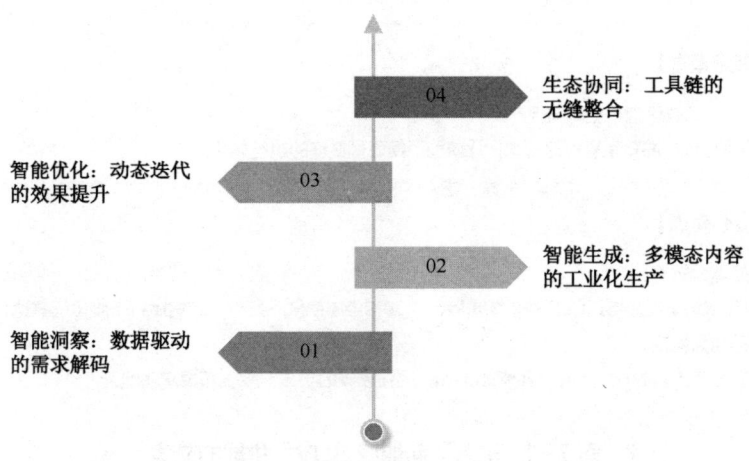

图 7-3　DeepSeek 助力企业生成流量文案的方法

1. 智能洞察：数据驱动的需求解码

传统文案创作依赖人工经验预判市场趋势，导致内容与用户需求的错位。DeepSeek 通过构建动态需求图谱，实现了用户痛点的深度挖掘与趋势预判。DeepSeek 可实时抓取主流平台数据，通过 LSTM 神经网络分析百万级用户评论，自动聚焦潜在需求。

例如，在美妆领域，DeepSeek 识别出"成分安全焦虑"的讨论量暴涨，据此生成的针对性文案使相关产品转化率得以提升。

知识图谱的应用进一步提升了需求解码的精度。例如，当用户输入"新能源 SUV"关键词后，系统自动关联"续航焦虑""充电桩兼容""家庭出行空间"等衍生概念，显著提升内容的信息密度，如图 7-4 所示。例如，某汽车品牌在通过 DeepSeek 优化产品文案后，使用户停留的时长延长。

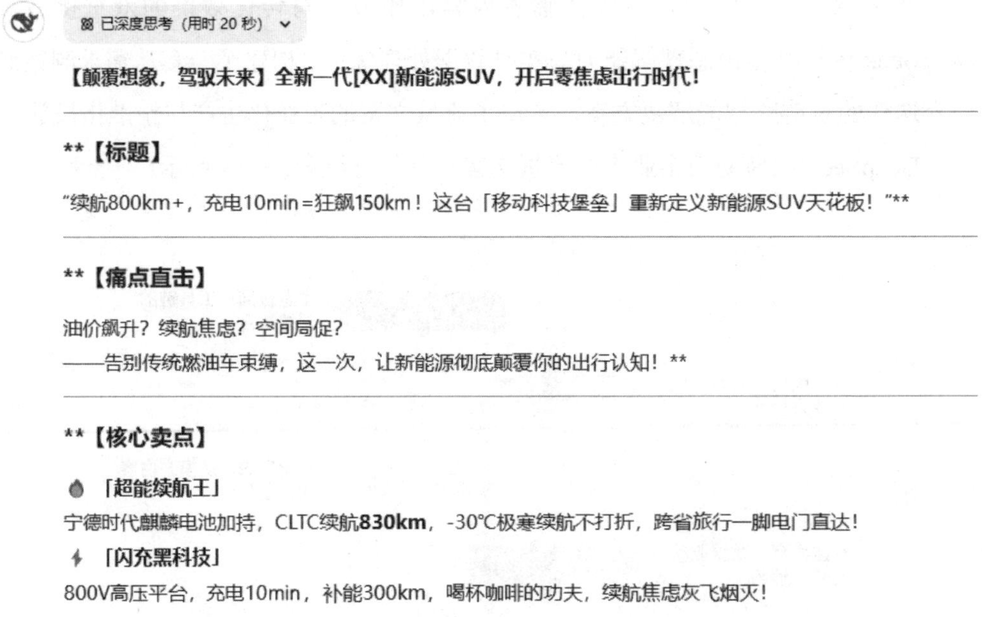

 ⑧ 已深度思考（用时 20 秒）∨

【颠覆想象，驾驭未来】全新一代[XX]新能源SUV，开启零焦虑出行时代！

**【标题】

"续航800km+，充电10min＝狂飙150km！这台「移动科技堡垒」重新定义新能源SUV天花板！"**

**【痛点直击】

油价飙升？续航焦虑？空间局促？
——告别传统燃油车束缚，这一次，让新能源彻底颠覆你的出行认知！**

**【核心卖点】

⬥ 「超能续航王」
宁德时代麒麟电池加持，CLTC续航**830km**，-30℃极寒续航不打折，跨省旅行一脚电门直达！

⚡ 「闪充黑科技」
800V高压平台，充电10min，补能300km，喝杯咖啡的功夫，续航焦虑灰飞烟灭！

图 7-4　输入"新能源 SUV"生成的文案

2. 智能生成：多模态内容的工业化生产

DeepSeek 的智能写作系统突破了传统文案创作的效率瓶颈。基于 Transformer 架构与行业语料库，系统可在短时间内完成上下文关联，实现每分钟近千字的内容输出，同时保证内容的原创度。这种工业化生产能力使企业转向规模化内容生产。

多风格矩阵的支持进一步增强了内容适配性。系统内置多种基础风格模型，涵盖短视频脚本、社交媒体文案等细分场景，能够定制品牌专属风格。以某美妆品牌为例，其通过 DeepSeek 生成的文案与其风格匹配度较高。

在实际应用中，系统展现出强大的场景适配能力。例如，DeepSeek 为某家电品牌撰写促销文案时，系统自动识别时间特征，结合用户的消费心理，生成包含"智能家电升级季"等关键词的系列文案。

3. 智能优化：动态迭代的效果提升

内容投放后的效果追踪与优化是传统模式的薄弱环节。DeepSeek 通过 ROI 预测模型与 A/B 测试工具的深度整合，实现了文案的动态进化。例如，在教育领域，系统实时监测数千条文案的转化漏斗数据，自动调整关键词密度和排版结构，使某在线课程的报名转化率提升。

情感强度预测模型的引入为内容优化注入了心理学维度。基于 BERT-Feel 架构的情感分析系统能够精准识别用户情绪倾向，生成具有共情力的文案。例如，某数码品牌在降噪耳机的推广中，系统通过情感分析发现"通勤压力缓解"的深层需求，将"沉浸体验"作为核心诉求，使标题打开率提升，单篇阅读量突破上万次。这种数据驱动的优化模式使企业能够在激烈的市场竞争中始终保持内容优势。

4. 生态协同：工具链的无缝整合

DeepSeek 与飞书多维表格的深度集成构建了全链路协同平台。通过 AI 字段捷径，企业可实现门店信息自动提取，小红书标题优化，客户评价打标等自动化操作。例如，某服装品牌设置"Z 世代亚文化关键词自动适配"后，提升了内容分享率。该方案大幅度降低了 AI 使用门槛。

隐私计算与差分隐私技术的应用为数据驱动的内容生产提供了安全保障。以某跨境电商为例，其通过合规数据的利用，在保护用户隐私的前提下使营销转化率得到提升。这种技术整合能力实现数据价值释放与合规风险控制的动态平衡，为企业构建了可持续的内容生态。

同时，DeepSeek 将实现场景化动态文案的实时生成。例如，当用户走进智能门店时，系统可根据其行为数据自动生成个性化推荐文案；在智能家居场景中，设备可根据用户状态推送定制化内容。这种深度场景融合将推动企业从单纯的流量争夺转向价值深耕，开启注意力经济时代的新篇章。

DeepSeek 通过智能洞察、高效生成、精准优化与生态协同，重新定义了流量文案的生产逻辑。随着物联网数据的接入与多模态生成技术的突破，DeepSeek 将进一步实现场景化动态文案的实时生成，推动企业从流量争夺转向价值深耕。

7.4 品牌故事：用情感化表达打动用户

品牌故事是企业能否在市场中拔得头筹的关键。DeepSeek 以突破性的情感计算技术为支点，构建起连接企业与用户的情感桥梁，通过多维度的情感化表达重塑品牌叙事逻辑。品牌故事正经历着从信息传递到情感共振的范式变革。

品牌故事的本质是情感化的价值传递。传统营销往往停留在功能卖点的罗列，而 DeepSeek 通过多维度数据解析，将消费者行为轨迹转化为可感知的情感图谱。例如，某高端家电品牌曾借助 DeepSeek 的分析发现，消费者对智能生活的核心期待并非技术参数，而是节省时间陪伴家人的情感需求。基于此洞察，该品牌推出"让科技回归生活"的叙事主线，通过描绘用户在忙碌工作后与家人共享时光的场景，成功引发情感共鸣。

DeepSeek 的优势在于多模态情感计算架构，其融合心理学理论与 NLP 技术，能够生成符合特定情感基调的故事框架。例如，针对年轻群体的品牌，DeepSeek 可自动匹配"奋斗""成长"等情感关键词，并构建起从困境到突破的叙事张力。这种基于数据的情感化创作使品牌故事兼具理性洞察与感性表达。

DeepSeek 赋能品牌故事的路径主要包括以下三个方面：

其一，个性化故事的生成。传统品牌故事往往采用统一模板，难以满足消费者个性化需求。DeepSeek 通过对不同用户画像的分析，实现故事内容的动态定制。例如，某美妆品牌借助 DeepSeek 为不同肤质、年龄层的用户生成专属护肤故事，如图 7-5 所示。针对敏感肌群体，其故事聚焦"温和呵护"的治愈感；针对职场女性，则强调"自信绽放"的蜕变过程。这种定制化叙事使品牌与用户建立起"专属对话"的亲密感。

🔷 ▨ 已深度思考（用时 21 秒） ∨

以下是为不同肤质与年龄层用户设计的专属护肤故事模板，以情感共鸣为核心，结合产品功效与用户生活场景：

敏感肌群体 × 25岁职场新人 |「疗愈篇：脆弱与坚韧的共生」

核心词：温和修复 × 自我和解

"凌晨2点的办公室灯光下，她第12次擦掉因口罩的摩擦导致泛红的脸颊上渗出的'眼泪'。直到遇见那瓶淡蓝色精华 —— 像冰川融水渗入龟裂的土地，刺痛感被一层层安抚。原来敏感不是缺陷，是与世界温柔对话的勋章。现在，她终于能素颜迎接客户审视的目光，把脆弱淬炼成铠甲。"

产品植入：神经酰胺屏障修护精华 + 仿生脂质膜技术。

油痘肌群体 × 18岁大学新生 |「觉醒篇：战痘少女的叛逆宣言」

核心词：控油净透 × 青春自治

"镜子里此起彼伏的红色丘陵，让她在毕业舞会前夜撕掉了礼服订单。直到实验室级水杨酸棉片像精准制导

图 7-5　生成的专属护肤故事示例

其二，多模态叙事的融合。DeepSeek 能够对图像、文档等进行分析，从而创

作视频脚本。例如，在为某环保公益项目创作故事时，DeepSeek 自动生成图文结合的叙事脚本。通过分镜头脚本，DeepSeek 展示了一棵树从幼苗到成林的过程，同步配文讲述护林人的坚守，如图 7-6 所示。这种多维度叙事增强了故事的感染力，使抽象的环保理念具象化为可感知的情感符号。

> 已深度思考（用时 31 秒）
>
> 以下是图文结合的环保公益叙事脚本《年轮里的守望者》，采用分镜头结构展现生态修复与人性光辉的双线叙事：
>
> ---
>
> **分镜头脚本《年轮里的守望者》**
>
> **镜头1：启程（春）**
>
> **画面：**
> 特写沾着泥土的树苗根系缓缓放入土坑，苍老的手与孩童的手交叠覆土。
> 背景渐变为20世纪80年代褪色老照片质感，远处荒山裸露着赫红色岩层。
> **配文：**
> "他把最后半瓶矿泉水浇给树苗时，
> 不知道这场单人马拉松要跑36年。"
> **音效：**呼啸风声/铁锹入土声/老式相机快门声。

图 7-6 生成的分镜头脚本示例

其三，故事传播优化。DeepSeek 通过分析社交媒体传播规律，为品牌故事设计传播因子。例如，某饮品品牌的 DeepSeek 生成系统在故事中植入"晒出你的专属味道"互动话题，用户可通过 AI 工具生成个性化瓶身故事并分享至社交平台。这种 UGC（User-generated Content，用户生成内容）模式使品牌故事成为社交货币，实现指数级传播。

以某老字号糕点企业为例，该企业希望通过品牌故事吸引年轻消费者，提升品牌活力。在品牌故事创作方面，DeepSeek 以企业传承百年的技艺和家族情感为核心，创作了一个品牌故事，如图 7-7 所示。

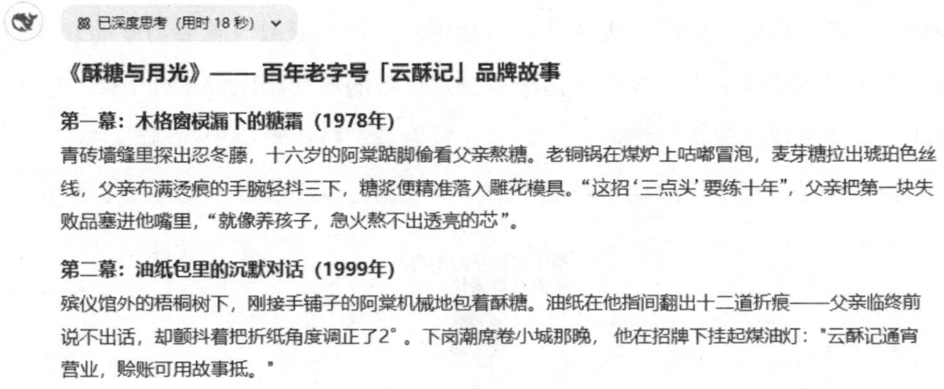

🐋 已深度思考（用时 18 秒）⌄

《酥糖与月光》—— 百年老字号「云酥记」品牌故事

第一幕：木格窗棂漏下的糖霜（1978年）

青砖墙缝里探出忍冬藤，十六岁的阿棠踮脚偷看父亲熬糖。老铜锅在煤炉上咕嘟冒泡，麦芽糖拉出琥珀色丝线，父亲布满烫痕的手腕轻抖三下，糖浆便精准落入雕花模具。"这招'三点头'要练十年"，父亲把第一块失败品塞进他嘴里，"就像养孩子，急火熬不出透亮的芯"。

第二幕：油纸包里的沉默对话（1999年）

殡仪馆外的梧桐树下，刚接手铺子的阿棠机械地包着酥糖。油纸在他指间翻出十二道折痕——父亲临终前说不出话，却颤抖着把折纸角度调正了2°。下岗潮席卷小城那晚，他在招牌下挂起煤油灯："云酥记通宵营业，赊账可用故事抵。"

图 7-7　生成的品牌故事示例

故事讲述了一位糕点师傅从年轻时就跟随父亲学习糕点制作，几十年如一日，将对家人的爱和对传统技艺的坚守融入每一块糕点中。后来，他把这份技艺和爱传递给了下一代，家族的温暖和糕点的美味一同传承。在现代社会的快节奏中，这份传统的味道成为人们心中的一抹温情，让大家在品尝糕点时，能够感受到家的温暖和岁月的沉淀。

这个情感化的品牌故事在社交媒体上发布后，引发了年轻消费者的共鸣，许多人被故事中的家族情感和传统匠心所打动。同时 DeepSeek 在故事中发起话题讨论"你心中的传承"，顾客可以在评论区讲述自己的故事。这种方法在拉近与顾客距离的同时，也显著提升了品牌的知名度和美誉度。

DeepSeek 通过数据驱动的情感化创作，为企业提供了一套可落地的叙事方法论。当品牌故事真正成为消费者情感记忆的载体时，其商业价值将超越流量层面，转化为持久的品牌生命力。随着 AI 技术的深入应用，品牌叙事将迎来范式革命。

7.5　直播与活动：设计高吸引力的方案

在注意力经济主导的数字时代，直播与线下活动已成为企业触达用户的核心场景。传统策划模式面临三大挑战，包括用户注意力分散导致参与度的衰减，内容同质化造成传播乏力，效果评估滞后引发资源的浪费。DeepSeek 通过 AI 技术赋能，构建了智能解决方案体系，为企业打造具有持续吸引力的活动生态。

企业想要在直播与活动中吸引用户，需要进行以下步骤，如图 7-8 所示。

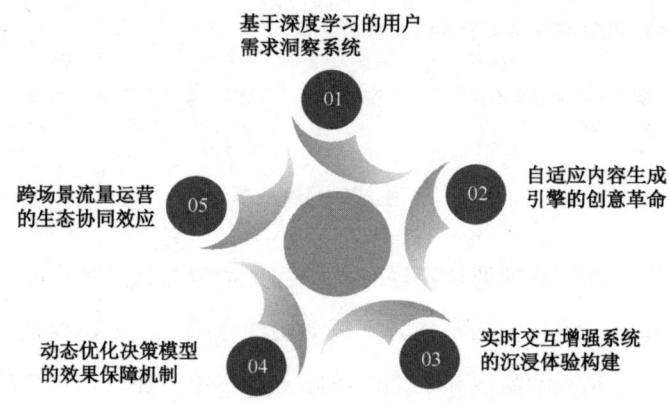

图 7-8　DeepSeek 助力直播与活动的步骤

1. 基于深度学习的用户需求洞察系统

DeepSeek 构建的智能分析平台整合多渠道用户数据，通过时空关联分析模型（Space-Time Association Analysis Model，STC-ANN）实现精准需求预测。系统能够实时解析用户在社交平台的行为轨迹、消费偏好及情感倾向，建立动态用户画像。

例如，某美妆品牌通过 DeepSeek 发现，其核心用户群体在夜间呈现"美妆教程+情感陪伴"的复合需求，据此设计"深夜变美实验室"直播企划。

2. 自适应内容生成引擎的创意革命

DeepSeek 通过语义网络与生成对抗网络的融合应用，实现创意内容的智能生产。系统可实时分析全网热点话题，结合品牌调性生成个性化脚本框架。

例如，在某手机发布会上，DeepSeek 通过分析科技博主评测数据，自动生成主题概念，设计出包含 AR（Augmented Reality，增强现实）产品拆解、夜景拍摄挑战赛等创新环节，大幅提升活动传播量。

3. 实时交互增强系统的沉浸体验构建

DeepSeek 的智能交互系统（Intelligent Interactire System，IES）通过多模态感知技术，创造虚实融合的参与体验。系统集成语音情感识别、微表情捕捉和姿态追踪技术，能够实时调整互动策略。例如，在某汽车企业的安全体验营中，系统根据参与者心率变化自动调节 VR（Virtual Reality，虚拟现实）碰撞模拟强度，配合脑电波的监测调整信息呈现方式，使品牌关键信息记忆度提升。

4. 动态优化决策模型的效果保障机制

DeepSeek 的 ROI 预测引擎采用深度强化学习算法，构建活动效果的数字孪生体。系统在活动筹备期即可模拟不同方案的效果表现，实时优化资源配置。例如，在某汽车品牌的新品上市活动中，系统通过实时监测舆情热度，动态调整 KOL（Key Opinion Leader）互动频次与优惠券发放策略，实现高营销率。事后，该品牌进行归因模型，拆解各环节贡献度，形成可复用的策略知识库。

5. 跨场景流量运营的生态协同效应

DeepSeek 的流量中台系统打破线上、线下的壁垒，构建完整链路。通过 LBS（Location Based Services，基于位置服务）热力分析引导线下活动选址，结合直播间的智能流量分配算法，实现全域用户精准触达。

例如，某科技企业运用 DeepSeek 的 AI 解决方案革新传统发布会模式。针对用户参与度低，技术体验不足等痛点，DeepSeek 通过智能分析锁定生活化场景偏好，打造"48 小时未来之家"沉浸式主题。系统将方言识别技术设计为互动挑战，能耗优化功能转化为可视化实验，并依托 AR 技术构建虚拟测试环境，如图 7-9

所示。

⊗ 已深度思考（用时 35 秒） ∨

"DeepSeek未来生活实验室" 直播与活动整合方案
——基于"48小时未来之家"的科技沉浸体验

一、活动框架设计

主题： 48小时未来之家——用AI重构你的生活方式
形式：线下沉浸式体验+线上直播联动+城市快闪裂变
核心目标：

1. 通过场景化体验提升技术感知，解决传统发布会参与感弱的问题。

2. 利用数据驱动动态优化活动流程，延长用户停留时长。

3. 线上、线下流量互导，实现社交传播与预售转化的闭环。

二、直播方案设计

1. 直播主线： 技术故事化+场景可视化+强互动引导。

图 7-9　生成的直播与活动方案示例

在活动期间，智能设备实时监测用户行为数据，动态触发沉浸体验环节，如当注意力下降时自动切换场景。此外，DeepSeek 通过资源优化将线下活动升级为"主会场+城市快闪"模式，降低成本。

在直播中，DeepSeek 精准插入技术解析内容，有效增加观看时长。在后续运营中，DeepSeek 识别高影响力用户，推动社交裂变，结合定向内容进行推送，既增加了自然流量，又使商品的预售量增长。

DeepSeek 的智能化解决方案正在重塑活动营销的产业逻辑。当 AI 深度融入创意生产链条时，企业获得的不仅是短期活动效果，还是持续创造市场惊喜的核心能力。

7.6 实战：用 DeepSeek 策划一场新品发布会

在 AI 技术深度渗透的今天，企业新品发布会的策划已从传统人力密集型转向智能化、高效化。以 DeepSeek 为代表的大模型技术，通过其强大的生成能力、跨平台协作和数据洞察，重塑发布会的全流程。

在发布会开始前，企业借助 DeepSeek 实现精准策划与策略生成，进行充分的会前准备：

首先，DeepSeek 能够帮助企业进行需求分析。企业可通过 DeepSeek 接入飞书多维表格，构建数据模型，包括用户画像、市场趋势以及竞品分析。例如，企业输入"25～35 岁新中产家庭""智能家电新品"等关键词后，DeepSeek 可自动生成包含价格敏感度、功能偏好、传播渠道的文本内容，并预测市场接受度。

其次，企业利用 DeepSeek 的多模态生成能力，可在短时间内产出发布会方案。例如，企业输入"科技感""沉浸式体验"等风格指令，系统同步输出脚本框架、视觉设计参数和互动环节设计，如图 7-10 所示。

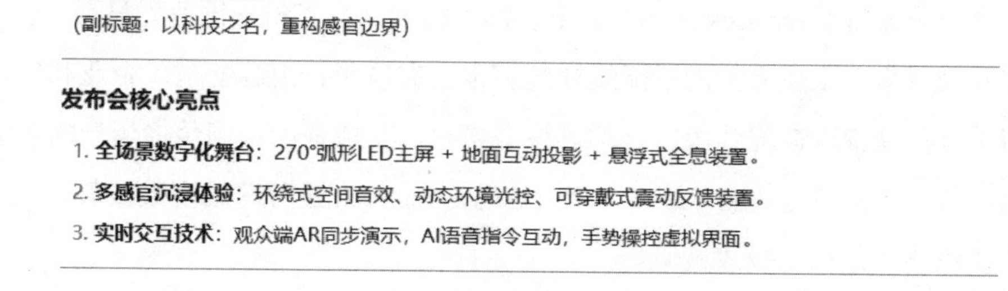

⊗ 已深度思考（用时 24 秒）∨

以下是基于「科技感」与「沉浸式体验」关键词设计的发布会方案脚本框架，适用于科技产品、品牌升级或创新技术发布场景：

发布会主题

「**未来无界·沉浸未来**」

（副标题：以科技之名，重构感官边界）

发布会核心亮点

1. **全场景数字化舞台**：270°弧形LED主屏 + 地面互动投影 + 悬浮式全息装置。
2. **多感官沉浸体验**：环绕式空间音效、动态环境光控、可穿戴式震动反馈装置。
3. **实时交互技术**：观众端AR同步演示，AI语音指令互动，手势操控虚拟界面。

图 7-10　在输入关键词后生成的发布会脚本

最后，通过飞书多维表格的 AI 字段捷径，企业可实现脚本、视觉设计与语音的实时协同。DeepSeek 可将中文脚本转化为英文分镜，并适配 YouTube 平台的视频节奏，使跨时区协作效率提升。例如，某快消品牌借助该模式，压缩了新品全球发布会筹备周期。

在会中阶段，企业需要执行准备阶段所制定的策略，并结合 DeepSeek 实现智能交互与实时优化。

在发布会现场，DeepSeek 可通过情感分析模型实时监测观众反应，实现动态流程控制。当某环节的掌声分贝值低于阈值时，DeepSeek 自动触发备选方案，如切换演示视频或增加互动问答。例如，某汽车品牌通过该技术，将原本固定的演讲调整为核心内容+用户共创环节，使观众留存率提高。

结合 DeepSeek 的多轮对话能力，企业可部署 AI 客服实时回答媒体提问。例如，企业预设"产品参数""技术原理"等知识库，系统自动生成结构化回复，并同步推送至媒体群。

此外，通过飞书多维表格的动态仪表盘，企业可实时查看"直播观看人数""社交媒体互动量""电商平台跳转率"等关键指标。当某指标出现异常波动时，DeepSeek 自动生成归因分析报告。例如，某家电品牌在发布会中发现"抖音直播间转化率下降"，DeepSeek 快速定位到"价格信息展示不清晰"的问题并进行及时调整。

在新品发布会完成后，DeepSeek 能够对会上的内容进行总结，并赋能内容裂变与效果评估。

企业可通过 DeepSeek 的风格迁移技术，将发布会素材一键适配抖音、小红书等多平台风格，生成专业的适配短视频脚本，突破平台内容壁垒。企业利用智能剪辑工具自动提取高光片段、金句等核心素材，生成适配不同传播场景的多版本物料，形成内容裂变效应。最终，企业借助 DeepSeek 进行跨维度数据整合，分析用户决策路径，优化投放策略。

这一闭环体系从内容生产到效果评估实现智能化协同，既降低了跨平台传播成本，又通过精准内容的分发提升用户触达效率。该体系帮助企业在控制运营成本的同时强化商业转化效果，构建可持续的内容价值生态。

此外，企业还需要在发布会前，借助 DeepSeek 进行生成网络模拟极端场景。例如，在企业输入"产品演示故障""突发舆情"等关键词后，DeepSeek 自动生成压力测试报告，并提供应对方案。以某新能源车企为例，其在测试中发现"电池续航数据误读"风险时，提前优化了 PPT 表述方式，避免了潜在争议。

以某科技企业为例，该企业在春季新品发布会上，依托星海大模型与 DeepSeek 协同架构，构建全链路智能化发布体系。通过智能体技术，用户可通过自然语音指令触发全屋家电协同，系统实时感知用户方位，实现规避功能，并联动洗衣机匹配洗护方案。

该企业借助 DeepSeek 多模态生成能力，能够实时生成多语言直播脚本并适配多平台风格。当互动率异常时自动切换 AR 演示，显著提升现场互动效果。同时，DeepSeek 能够对历史故障数据进行分析，并构建预测模型。该模型能够提前预警并修复超高清演示设备潜在故障，确保流程零中断。

DeepSeek 通过会前洞察、会中交互、会后优化的全链路赋能，使新品发布会成为品牌与用户深度对话的智能中枢。随着模型能力的持续进化，企业需要进一步探索 DeepSeek 的策划模式，将数据洞察、创意生成与实时决策深度融合，构建以用户价值为核心的智能传播生态。

7.7 案例：某品牌用 DeepSeek 提升营销 ROI

在数字经济时代，营销 ROI 的提升已成为企业竞争的核心命题。以 DeepSeek 为代表的 AI 技术，正通过数据智能、算法优化和自动化流程重构营销全链路。某家居品牌顺应时代发展，接入 DeepSeek，实现了营销 ROI 的大幅提升，在具体实践层面，主要通过以下步骤实现，如图 7-11 所示。

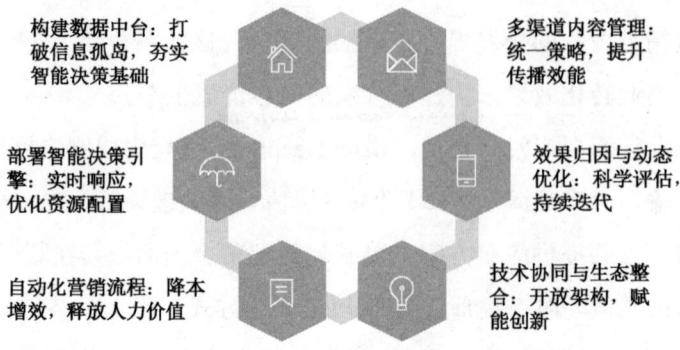

图 7-11　DeepSeek 提升品牌营销 ROI 的实践路径

1. 构建数据中台：打破信息孤岛，夯实智能决策基础

该品牌首先通过 DeepSeek 的数据整合能力打通数据源，包括 CRM、电商平台、社交媒体等，构建统一的数据中台。该系统实现了用户行为、交易记录、渠道反馈等数据的实时同步与清洗，形成包含数百个维度的用户画像模型。

例如，通过分析用户浏览、加购、支付等关键触点，该品牌精准识别出细分群体，如《2023 年中国居住形态白皮书》中的"城市新移民家居改造群体"，具有针对性的营销方案促使转化率提升。此外，DeepSeek 的联邦学习技术确保了在数据协同过程中的隐私安全，在保护用户信息的前提下，提升跨平台数据的利用率。

2. 部署智能决策引擎：实时响应，优化资源配置

基于数据中台，该品牌部署了 DeepSeek 的智能决策引擎，实现从用户分群到策略生成的全自动化。该品牌通过 DeepSeek 构建时序预测模型，提前预判爆款商品，提升了库存周转率。该品牌还结合 NLG 技术，实现个性化方案生成效率的提升。

例如，在线下营销中，DeepSeek 根据营销数据及时反馈，该品牌依据反馈结果进行动态调整，使 ROI 得到大幅提升。同时，决策引擎通过强化学习算法实时

优化广告出价，该品牌借此节省了广告预算。

3. 自动化营销流程：降本增效，释放人力价值

DeepSeek 的自动化系统覆盖营销全流程，实现了从内容创作到客户服务的智能化升级。在内容生产环节，系统基于行业语料库与用户画像，批量生成差异化短视频脚本，通过 A/B 测试筛选出"沉浸式场景展示"与"专家讲解"等爆款特征，提升优质内容产出效率。

该企业与 DeepSeek 构建的智能客服系统显著改善了用户体验。该系统通过 NLP 技术，自动识别用户咨询意图，能够处理大部分常见问题。对于复杂问题，该系统通过情感分析判断用户情绪，智能转接人工客服。这一优化使客户响应时间缩短，提升了满意度。

4. 多渠道内容管理：统一策略，提升传播效能

该品牌借助 DeepSeek 的内容中台统一管理多个渠道内容，有效降低了人力成本，实现了曝光量的提升。例如，通过 DeepSeek 生成适配不同文化的营销话术，该品牌在中东市场的接受度提升。

该企业借助 3D 商品孪生技术显著提升了电商转化率。该技术可自动生成高保真产品三维模型，支持用户 360°查看细节。同时，该企业可利用 DeepSeek 制定动态价格的调整策略与有针对性地投放促销信息，使用户在商品详情页的停留时长增加。

5. 效果归因与动态优化：科学评估，持续迭代

DeepSeek 的营销归因模型帮助品牌建立科学评估体系。该系统整合多触点转化数据，识别出低效投放渠道，将预算重新分配至高潜力领域。例如，该企业在某季度分析中发现，线下活动的 ROI 较低。该企业据此调整渠道策略，将节省的预算用于短视频种草，带动整体 ROI 提升。

此外，系统实时监控市场舆情与用户反馈，自动调整营销策略。例如，某产品因环保问题引发讨论时，系统及时触发危机公关预案，调整广告投放策略，成功将负面影响降至最低。这种人机共创模式的引入使企业聚焦策略的制定，执行环节则由系统自动优化，实现效率与创意的双重提升。

6. 技术协同与生态整合：开放架构，赋能创新

该企业深度整合 DeepSeek 与飞书多维表格，构建起高效协同平台，通过 AI 字段捷径功能实现数据自动采集、分析与可视化管理，使营销团队从烦琐的数据处理中解放出来。该企业调用 DeepSeek-R1 模型批量生成爆款内容创意，结合飞书自动化工具，系统定期推送商品分析报告，减少库存周转预测存在的误差。

该企业借助 DeepSeek 的隐私计算与差分隐私技术，为数据驱动的营销提供安全保障。系统在合规框架下实现跨平台数据利用。例如，在某联名活动中，该企业通过匿名化处理的用户行为数据优化广告定向，在保护隐私的前提下使转化率提升。这种技术整合能力为企业构建了可持续的智能营销生态。

该品牌通过 DeepSeek 的全链路赋能，实现了营销 ROI 的显著提升。随着 AI 技术的迭代，该品牌将进一步探索，构建以消费者为中心的智能营销生态。这一路径为传统企业数字化转型提供了可复制的范式，证明 AI 不仅是工具升级，还是商业逻辑的重构。

第8章

企业培训：
DeepSeek赋能人才发展

　　人才是企业发展的基石。借助 DeepSeek，企业可构建个性化培训体系，依据员工技能水平与岗位需求，定制专属学习路径。从精准诊断人才能力缺口，到定制动态学习路径，从 AI 教练实时反馈，到跨部门协同能力图谱，DeepSeek 以数据为锚点，加速人才成长，为企业发展储备力量。

8.1 课程设计：快速生成培训内容与课件

在 AI 技术迅猛发展的背景下，DeepSeek 凭借其强大的内容生成、数据分析和场景应用能力，革新企业培训的课程设计模式。通过深度整合 AI 技术，企业能够实现从需求分析、内容生成到课件优化的全流程智能化，显著提升了培训效率与质量。

在课程设计阶段，DeepSeek 能够帮助企业实现智能化转型，构建从需求分析到内容生成的全链条体系，助力企业快速培养新型人才：

首先，DeepSeek 能够精准定位企业的培训需求，搭建课程设计的基础框架。DeepSeek 的智能问答与数据分析功能可帮助企业快速识别员工的知识缺口。例如，通过分析员工提问记录、绩效数据及业务痛点，DeepSeek 能够为企业明确课程设计方向。

其次，DeepSeek 支持自动化内容的生成。DeepSeek 支持多模态内容创作，包括文本、图表描述、PPT 大纲等。企业输入主题和场景要求，如"为销售团队设计客户沟通技巧课程，需要包含案例分析与互动练习"，如图 8-1 所示，系统即可生成完整的课程框架、知识点列表及配套案例。例如，某教育平台通过接入 DeepSeek，将企业技术手册自动转化为问答式微课内容，节省了人工整理时间。

最后，DeepSeek 根据生成的内容，能够为企业选择适配的场景化模板。DeepSeek 内置多个核心场景，如职场技能、技术培训、管理等，及案例模板，企业可根据行业特性选择适配的方案。例如，金融企业可调用合规风控培训模板，结合内部数据，生成定制化风险案例库，并通过文风转换功能将复杂法规转化为通俗化培训材料。

在课件生成阶段，DeepSeek 从文本到多媒体的自动化流程，能够帮助企业快速优化 PPT。

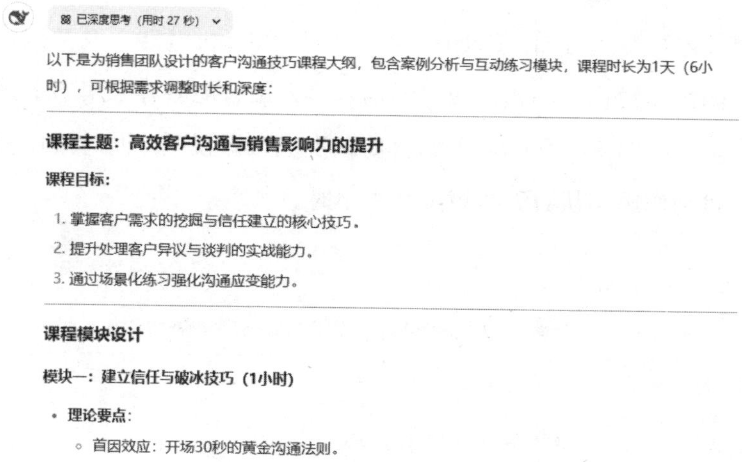

🐳 ⊠ 已深度思考（用时 27 秒） ∨

以下是为销售团队设计的客户沟通技巧课程大纲，包含案例分析与互动练习模块，课程时长为1天（6小时），可根据需求调整时长和深度：

课程主题：高效客户沟通与销售影响力的提升

课程目标：

1. 掌握客户需求的挖掘与信任建立的核心技巧。

2. 提升处理客户异议与谈判的实战能力。

3. 通过场景化练习强化沟通应变能力。

课程模块设计

模块一：建立信任与破冰技巧（1小时）

- **理论要点：**
  - 首因效应：开场30秒的黄金沟通法则。

图 8-1 生成的课程框架相关内容

在 PPT 大纲与结构化设计方面，企业通过输入课程主题与受众信息，如"新员工入职培训"，需要包含企业文化、制度解读、职业发展三部分，DeepSeek 可生成包含章节标题、关键知识点及逻辑关系的 PPT 大纲，并推荐匹配的视觉化模板，如图 8-2 所示。例如，在海口全球贸易之窗的培训课程中，DeepSeek 生成的智能文档处理实战模块大纲被直接导入 AI 工具，一键生成专业课件。

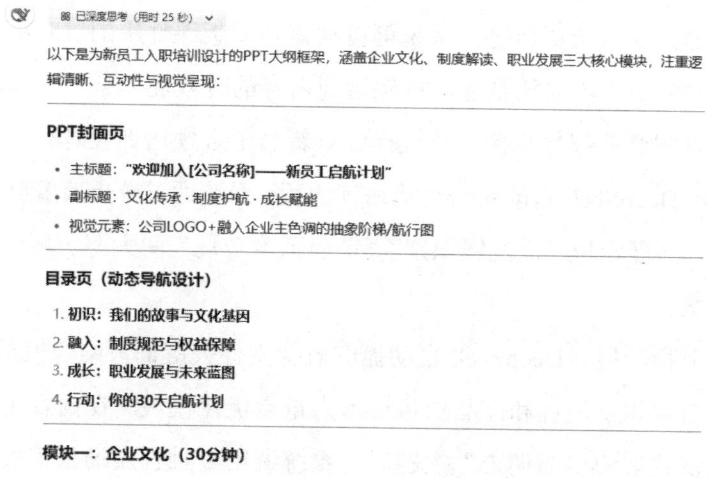

🐳 ⊠ 已深度思考（用时 25 秒） ∨

以下是为新员工入职培训设计的PPT大纲框架，涵盖企业文化、制度解读、职业发展三大核心模块，注重逻辑清晰、互动性与视觉呈现：

PPT封面页

- **主标题：** "欢迎加入[公司名称]——新员工启航计划"
- **副标题：** 文化传承·制度护航·成长赋能
- **视觉元素：** 公司LOGO+融入企业主色调的抽象阶梯/航行图

目录页（动态导航设计）

1. 初识：我们的故事与文化基因
2. 融入：制度规范与权益保障
3. 成长：职业发展与未来蓝图
4. 行动：你的30天启航计划

模块一：企业文化（30分钟）

图 8-2 生成的 PPT 大纲相关内容

在多媒体内容整合方面，DeepSeek 与剪映、Mermaid 等工具协同，可实现从脚本到视频的快速转化。例如，在教师输入"人工智能教育应用"主题后，系统生成视频脚本，如图 8-3 所示，并结合剪映生成微课视频，同时添加智能字幕与转场特效，将制作周期从数天缩短至几个小时。

> 🐋 已深度思考（用时 23 秒）∨
>
> 以下是一份关于"人工智能教育应用"的视频脚本模板，您可以根据具体需求调整内容：
>
> **标题：** AI赋能教育：未来学习的新可能
> **时长：** 5~6分钟。
> **风格：** 具有科技感，启发式叙事，结合动画与实景拍摄。
>
> ---
>
> **开场（0:00—0:30）**
> **画面：** 快节奏剪辑学生课堂、传统黑板、书本堆叠的画面，逐渐过渡到数字屏幕、AI机器人、虚拟现实场景。
> **旁白：**
>   "教育，是人类文明的火种。但面对千差万别的学习需求，传统教育模式正面临挑战——如何让每个学生都能找到自己的学习路径？答案或许藏在人工智能的代码中。"
> **字幕：** 人工智能教育应用——重新定义学习的未来

图 8-3　生成的"人工智能教育应用"的视频脚本示例

在动态化内容更新方面，DeepSeek 的知识库联动功能支持课程内容的实时迭代。例如，当企业政策更新时，系统可自动识别旧版课件中的过时信息，替换为最新条款，并生成版本对比报告，确保培训内容的时效性。

以某股份制商业银行为例，该银行针对新员工合规培训耗时久，案例更新慢等痛点，引入 DeepSeek 智能系统重构培训流程。系统通过分析监管处罚案例与内部审计数据，精准定位"反洗钱识别""销售话术合规"两大薄弱环节，建立智能培训解决方案。

在需求分析阶段，DeepSeek 自动抓取监管文件关键词，结合柜员操作日志，识别出客户身份识别流程和产品销售话术为重点优化模块。在内容生成阶段，银行输入"反洗钱客户尽职调查"主题后，系统调用金融合规场景模板，构建包含政策解读、操作流程图和违规案例的课程框架。同时，该银行将反洗钱数据库接入 DeepSeek，动态更新在案例库中的可疑交易特征。

结合上述内容，DeepSeek 自动生成 PPT 大纲，涵盖客户身份识别、常见风险点等内容，并推荐商务风格模板。同时，DeepSeek 利用 Mermaid 插件将操作流程转化为可视化流程图，结合剪映生成微课视频，并嵌入智能答题系统，实时检测学习效果。借助此方法，银行的员工合规培训周期大大缩短，反洗钱知识考试通过率大幅提升。

企业需要借助 DeepSeek 突破传统线性课程设计思维，建立新的闭环体系。通过将 AI 工具从辅助角色升级为战略级赋能平台，企业实现智能化革新。在这一过程中，技术工具与教学设计能力的结合将成为企业人才发展竞争力的核心竞争力。

DeepSeek 引领企业培训进入新纪元。其全流程智能化解决方案不仅实现了培训内容生产效率的指数级提升，还通过精准需求洞察与动态内容的适配，构建可持续迭代的人才培养体系，不断赋能企业的人才建设。

8.2　学习方案：定制化知识图谱与训练

闭环学习系统重塑了企业人才培养的底层逻辑。其核心在于通过多维度数据解析生成个性化知识图谱，并依托强化学习算法实现训练内容的动态迭代，形成千人千面的智能培养体系。通过运用 DeepSeek，企业能够构建从能力诊断到战略落地的全链条解决方案，具体步骤如图 8-4 所示。

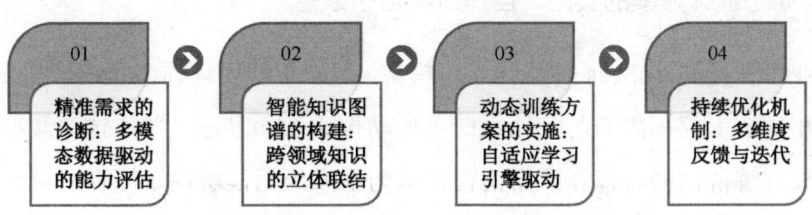

图 8-4　DeepSeek 为企业制定学习方案的步骤

1. 精准需求的诊断：多模态数据驱动的能力评估

企业需要通过 DeepSeek 的多模态分析技术，建立覆盖员工行为、绩效数据与岗位要求的三维评估体系。该体系通过分析员工在飞书多维表格中提交的项目文档、代码仓库中的编程轨迹，结合在日常沟通中的语音情感特征，识别出认知障碍模式。例如，某新能源车企利用该系统，发现研发团队在复杂工程问题的解决中存在显著能力缺口，进而针对性地设计强化训练模块。

在岗位需求建模方面，DeepSeek 可自动抓取企业历史成功案例，并提炼出相应的隐性要求。例如，当某消费电子公司发布"智能硬件项目经理"岗位时，系统通过分析此前发布过的相关项目数据，动态调整能力评估指标，确保培训方案与实际业务需求的高度契合。

2. 智能知识图谱的构建：跨领域知识的立体联结

基于 DeepSeek 的混合神经网络架构，企业可构建包含技术概念、商业案例及实践工具的三维知识图谱。例如，企业将深度学习中的神经网络原理与零售库存优化案例进行语义关联，形成跨维度认知框架。

在知识可视化层面，企业可与华为 AR Engine 进行协作，将知识图谱转化为可交互的 3D 模型，如企业通过此方式将复杂知识模型可视化，提升学习效率。例如，某金融机构通过该技术重构风控知识图谱，实现从监管规则到交易数据的全景式展示，提升员工风险识别的准确率。

3. 动态训练方案的实施：自适应学习引擎驱动

企业可依托 DeepSeek 的强化学习模块，构建智能闭环训练系统。当检测到员工原理在理解上存在障碍时，该系统可自动推送教学方法，并通过在线编码沙盒进行实战训练。例如，某互联网公司在采用该系统后，解决了原有对算法理解的瓶颈。

在训练资源优化方面，DeepSeek 的云计算功能可以帮助企业降低模型训练成本。企业通过集成的可视化工具可提升数据处理与模型部署效率，如某制造企业借助该系统优化质量预测模型，显著提升良品率。

4. 持续优化机制：多维度反馈与迭代

DeepSeek 的实时知识盲点检测功能可根据学习进度智能推送补充材料。例如，某高校研究团队通过该机制，降低学生矩阵运算的错误率。同时，该系统的虚拟导师功能可模拟行业专家进行答疑，对话逻辑覆盖百万级知识节点，支持全天即时响应。

在效果评估层面，企业可通过飞书多维表格的 AI 字段捷径，建立包含完成度、质量系数与心流指数的评估体系。例如，在某咨询公司运用该系统后，其培训计划执行率与决策准确率大幅提升。此外，DeepSeek 结合脑电分析技术的神经反馈训练系统，可在潜意识层面强化学习动机，提升企业目标执行的稳定性。

以某汽车零部件制造企业为例，该企业为应对在智能制造转型中员工技能的脱节问题，引入 DeepSeek 构建定制化知识图谱与培训体系。

在知识图谱构建方面，企业通过 DeepSeek 的 NLP 模块分析企业技术手册、设备说明书及行业标准文档，自动提取核心知识点与逻辑关系。同时其与 AR Engine 协作形成覆盖编程、工业机器人运维等技术维度的 3D 可视化知识图谱，实现复杂技术体系的模块化呈现。

基于员工岗位画像，DeepSeek 可进行个性化学习路径设计。例如，初级技工侧重设备操作 AR 模拟训练，工程师主攻数字孪生故障的诊断，管理层学习智能排产算法的应用。此外，系统能够实时追踪员工学习轨迹，为其精准推送差异化学习内容。

企业构建基于知识图谱的智能陪练系统，通过多轮对话模拟设备调试、质量异常处理等典型场景，结合深度学习算法，动态调整问题难度。在借助 DeepSeek 后，企业的关键岗位技能认证通过率得到提升，并成功孵化数字化改进项目。

在这场学习革命中，DeepSeek 成为组织能力进化的催化剂。通过构建人机协

同的智能学习生态，企业将在数字化转型浪潮中占据人才竞争的制高点，实现从追赶者到引领者的跨越式发展。

8.3　绩效评估：自动生成员工能力分析

企业想要实现可持续发展，离不开对员工绩效的精准评估以及深入的能力分析。传统的绩效评估方式往往耗费大量人力与时间成本，且易受主观因素影响。而 DeepSeek 作为先进的 AI 工具，为企业带来了高效、客观、智能的绩效评估解决方案，能够自动生成全面且精准的员工能力分析，助力企业优化人才管理。

首先，在数据收集与整合方面，DeepSeek 可以与企业的各类管理系统，如人力资源管理（Human Resource Management，HRM）、ERP、CRM 等系统进行无缝对接。例如，DeepSeek 可收集 CRM 系统中记录的销售额、客户拜访次数、新客户开发数量等数据，帮助企业了解销售部门员工的绩效数据。

同时，DeepSeek 还能够利用 OCR 技术对员工提交的文档、报告进行文本识别处理。该系统还可通过客服通话记录等非结构化数据，全面挖掘员工在工作中的表现信息。

对于收集到的原始数据可能存在错误、重复或不完整的情况，DeepSeek 运用数据清洗算法，自动识别并纠正数据中的错误值，剔除重复数据，对缺失值进行合理填充或推算。例如，对于个别员工缺失的考勤数据，DeepSeek 可根据其过往考勤规律以及同岗位其他员工的考勤情况进行估算补充。对于经过清洗和整理后的数据，DeepSeek 按照统一的标准和格式进行存储，为后续的分析做好准备。

其次，企业基于数据分析结果，协同 DeepSeek 构建评估模型。在岗位胜任力方面，企业不同岗位对员工的能力要求存在差异。DeepSeek 依据企业事先设定的岗位胜任力模型，结合收集到的数据，构建针对每个岗位的绩效评估模型。

例如，对于软件开发岗位，胜任力模型可能包括编程能力、问题解决能力、团队协作能力等维度。DeepSeek 通过分析员工在代码编写质量、解决技术难题的效率以及在团队项目中的沟通协作表现等数据，为每个能力维度设定差异化评估指标及权重。

企业可利用大量历史绩效数据和对应的员工实际表现情况，对构建好的评估模型进行训练。DeepSeek 运用机器学习算法，不断调整模型中的参数，使模型能够准确地预测和评估员工绩效。

随着新数据的持续涌入，模型将自动完成迭代优化。例如，当企业引入新的业务流程或技术时，相关的绩效数据变化会促使 DeepSeek 对评估模型进行调整，确保模型始终适应企业的发展需求。

最后，企业结合得到的完整模型对员工进行绩效评估。基于训练好的评估模型，企业对员工的各项能力进行全面评估。

从专业技能维度，该模型能够分析员工对本职工作所需专业知识和技能的掌握程度，如财务人员对财务报表分析、税务法规的精通程度。从沟通协作维度，通过分析员工在团队项目中的交流记录、跨部门合作表现等数据，企业能够评估其沟通能力、团队合作精神。从创新能力维度，该模型能够根据员工提出的新想法、改进建议以及在创新项目中的贡献等进行判断，帮助企业精准识别员工能力的特征。

企业可将模型输出结果导入图表生成工具，如 GraphPad Prism、Origin 等，以直观的可视化报告形式呈现给企业管理者和员工本人。报告以图表、图形等形式展示员工在各个能力维度的得分情况，与同岗位平均水平的对比分析，以及员工能力发展的趋势。

例如，可视化报告可通过柱状图呈现员工专业技能得分的季度变化趋势，并用雷达图对比员工能力与岗位胜任标准的匹配度。这种可视化的呈现方式使管理者能够快速了解员工的能力优势和短板，员工可直观了解自身能力发展轨迹，为制订具有针对性的培训和发展计划提供有力依据。

企业在借助 DeepSeek 构建起全流程自动化的绩效评估体系的过程中，需要警

159

惕多重潜在风险并构建系统性应对策略。

首先，数据隐私风险源于系统整合 HRM、CRM 等多源数据，包含员工绩效、客户信息等敏感内容，企业需要通过联邦学习与差分隐私技术实现数据可用不可见。同时，企业需要结合区块链记录使用轨迹并定期审计。

其次是动态适应性风险。业务模式的变化可能导致模型过时，企业需要构建持续学习机制，通过在线反馈更新参数并成立指标调整委员会。

在员工接受度风险方面，企业需要通过培训解释评估逻辑，将能力分析与个人发展绑定并提供 AI 导师的建议。

通过借助 DeepSeek 进行绩效评估并自动生成员工能力的分析，企业能够更科学、高效地管理人才，提升整体绩效水平，在激烈的市场竞争中占据优势地位。

8.4 知识管理：构建企业专属知识库

在数字经济时代，知识资产已成为企业的核心战略资源。传统知识管理面临信息孤岛、检索低效、知识流失等痛点，DeepSeek 通过认知智能技术重构知识管理范式，为企业构建动态化、智能化的知识生态系统。

企业通过 DeepSeek 构建专属知识库，实现高效知识管理，需要依托其核心技术能力形成完整闭环，具体实践方法包括四个方面：

（1）在知识框架构建方面，企业可借助 DeepSeek 的框架生成功能，动态搭建领域知识体系。例如，企业针对新能源汽车研发知识库，可生成包含电池技术、电机控制、自动驾驶的三级结构，并支持通过细化章节结构持续深化关键领域。

同时，DeepSeek 可自动抓取行业报告、专利文献等外部数据，通过 OA、CRM 等内部数据的 API 接口批量导入，实现多源数据整合。DeepSeek 通过知识图谱技术，将离散知识转化为关联网络。例如，企业建立电池材料、热管理系统、续航里程等要素的因果链，并分析节点权重，辅助研发决策的制定。

（2）在智能处理方面，企业所使用的 DeepSeek 支持 OCR 与 NLP 融合解析非结构化数据，提取专利说明书中的技术参数，并通过多模态理解将文字描述转化为三维模型。系统支持技术文档生成自动摘要与自然语言问答。同时，基于历史数据，DeepSeek 进行逻辑推理与预测，如生成原材料价格的波动对电池成本影响的预测报告。企业利用 DeepSeek 的动态更新机制实现知识自动迭代，可根据用户反馈调整知识权重。

（3）在存储与部署方面，本地化与私有化部署模式的选择体现了企业对知识产权与组织特性的深度考量。本地化部署场景采用容器化架构与分布式存储技术，通过微服务模块实现知识库与企业现有 HR 系统、生产系统的无缝对接。

在安全策略上，企业与 DeepSeek 协作构建多层防护体系。在传输层中，系统采用量子加密通道保障知识流转的安全，存储层实施文档级权限控制，确保核心工艺知识的访问隔离，应用层部署动态脱敏机制，防止敏感信息的泄露。这种架构既满足高端制造业对技术机密性的严苛要求，又能支持万人级组织的实时知识协同。

对于跨国企业与集团型组织，私有云部署通过混合云架构实现知识管理的弹性扩展，总部中枢知识库与区域节点形成"联邦式"知识网络，既保持核心知识标准的统一性，又允许各业务单元基于本地实践进行知识迭代。在部署过程中，智能增量同步技术确保多节点间的知识更新实时性，而边缘计算节点的嵌入则有效降低了跨地域访问的延迟瓶颈。

（4）在知识应用方面，企业通过自然语言交互和跨模态检索提升搜索效率，深度集成 ERP、CRM 等业务系统，为采购、客服等场景赋能。同时，企业基于知识库构建培训体系和决策支持系统，提升组织效能。

企业持续优化需要建立用户反馈机制和效果评估体系，通过实时评分、专家审核和行为分析优化知识质量。企业的知识共享文化建设则通过激励机制和知识社区运营促进员工的参与。

企业在实施知识管理时，需要遵循"三步走"策略：首先，企业需要建立最

小可行知识库，聚焦核心业务场景；其次，企业需要协同 DeepSeek，构建跨系统知识网络；最终，形成自进化的认知智能系统。DeepSeek 为企业提供安全防护，包括知识分级授权、操作轨迹追溯、数据脱敏处理等机制，减少泄密知识的泄露。

DeepSeek 驱动的知识管理系统重新定义了企业知识资产的价值转化路径。通过构建智能化的知识生产、组织和应用体系，企业不仅实现知识资产的有效沉淀，还获得决策支持、创新加速和组织进化的战略能力。在数字化转型浪潮中，智能知识库将成为企业构筑核心竞争力的新型基础设施，推动组织向学习型、智慧型生态持续演进。

8.5 实战：用 DeepSeek 设计一场员工培训

在当今快速变化的商业环境中，员工培训是企业保持竞争力和推动创新的关键。传统的培训方式往往效率低，耗时长，难以满足个性化需求。DeepSeek 能够帮助企业高效设计、实施和优化员工培训方案，从而提升员工能力、降低培训成本，并确保培训效果。

DeepSeek 能帮助企业明确培训目标和需求。通过与企业管理者的对话，DeepSeek 能够快速生成详细的培训需求分析报告。例如，在用户输入"分析销售团队的技能短板"后，DeepSeek 会根据行业数据和公司现状，识别需要提升的技能点，如客户沟通与谈判技巧。基于需求分析，DeepSeek 还可帮助制定具体的培训目标，如"提升 10%的销售团队客户转化率"。

DeepSeek 根据培训目标，生成个性化的培训内容和课程结构。DeepSeek 可根据企业输入的培训主题自动生成详细的课程大纲，包括"客户需求分析""产品价值传递""异议处理技巧"等模块。在每个模块中，DeepSeek 提供具体内容，如案例分析、提问技巧、实战演练等，并根据员工的岗位、经验和学习偏好调整内容的深度与呈现形式。例如，DeepSeek 建议企业为新员工提供基础知识，为资深员工提供高级策略和案例。

在培训材料的制作方面，DeepSeek 能够生成培训内容，还能够帮助企业快速制作高质量的培训材料，如 PPT、培训手册和操作指南。对于产品知识培训，DeepSeek 会生成包含产品介绍、功能演示等内容的幻灯片，并为技术团队编制详细的操作手册。如果需要录制培训视频，DeepSeek 还会提供视频脚本，帮助节省制作时间和成本。

在培训实施过程中，DeepSeek 还可以设计互动环节，如问答、小组讨论和角色扮演，增强培训的参与感和实用性。例如，在"客户沟通技巧"培训中，DeepSeek 会设计角色扮演场景，让员工模拟与客户的对话。此外，DeepSeek 还可作为 AI 助手，实时解答员工问题，帮助员工更好地理解和掌握培训内容。

在培训结束后，DeepSeek 能够评估培训效果并优化后续方案。它通过生成测试题目评估员工学习成果，并设计反馈问卷收集员工的评价。DeepSeek 基于测试结果与反馈数据，为企业提供优化建议。例如，如果员工反馈"案例分析不足"，则 DeepSeek 建议企业增加更多实战案例。

以某零售企业为例，该企业希望提升销售团队的客户转化率，利用 DeepSeek 设计了一场为期两天的培训。

首先，DeepSeek 分析了销售团队的表现数据，发现员工在"客户需求分析"和"异议处理"方面存在短板。

随后，DeepSeek 生成了一份课程大纲，包括"客户需求分析""产品价值传递""异议处理技巧""成交策略"四个模块，如图 8-5 所示，并编制了课程脚本。在培训过程中，企业通过 DeepSeek 设计互动环节，如模拟客户对话和小组讨论，并实时解答员工问题。

⊗ 已深度思考（用时 34 秒）　∨

以下是为某零售企业设计的为期两天的销售团队培训课程大纲，聚焦**客户转化率的提升**，涵盖四大核心模块：

课程主题

"精准洞察需求·高效转化成交"销售技能提升特训
课程目标：

1. 掌握客户需求分析与挖掘的核心方法。

2. 学会精准传递产品价值的结构化表达技巧。

3. 提升化解客户异议的应变能力。

4. 熟练运用成交策略缩短销售周期，提升转化率。

课程大纲

Day 1：需求洞察与价值传递
上午：模块一 | 客户需求分析

1. **需求分析的重要性**

　　◦ 客户购买决策的心理路径（需求→痛点→解决方案）。

图 8-5　生成的课程大纲相关内容

在培训结束后，DeepSeek 编制测试题，评估员工学习成果，并收集反馈问卷数据。根据评估结果，DeepSeek 建议企业增加更多实战案例和模拟练习。通过此次培训，该企业的销售团队客户转化率显著提升，培训效果获得管理层的高度认可。

企业在应用 DeepSeek 构建智能培训体系时，需要遵循分阶段推进的实施逻辑：企业应根据数字化成熟度选择差异化的路径，实现技术适配与系统兼容；在管理方面，企业需要借助 DeepSeek 推动文化变革，消除员工对技术迭代的焦虑；在生态构建方面，企业通过与高校共建人才培养基地，联合供应商开发行业专属模型等途径，确保人才培养与技术迭代、产业需求动态的匹配。通过三措并举，企业可实现从单点突破到系统进化的智能培训体系升级。

DeepSeek 为企业员工培训提供了一种高效、智能的解决方案。通过从需求分析到效果评估的全流程支持，DeepSeek 帮助企业设计高质量的培训方案，提升员工能力和绩效。随着 AI 技术的不断进步，DeepSeek 将在员工培训领域发挥越来越重要的作用，助力企业在激烈的市场竞争中保持领先地位。

8.6 案例：某企业用 DeepSeek 优化培训体系

在数字经济时代，企业培训正从成本中心向战略支点转型。某制造企业通过深度整合 DeepSeek 大模型技术，革新培训体系底层逻辑，实现从经验驱动到数据驱动、从标准化到个性化的范式跃迁。

该企业如何借助 DeepSeek 优化培训体系？具体实践策略如图 8-6 所示。

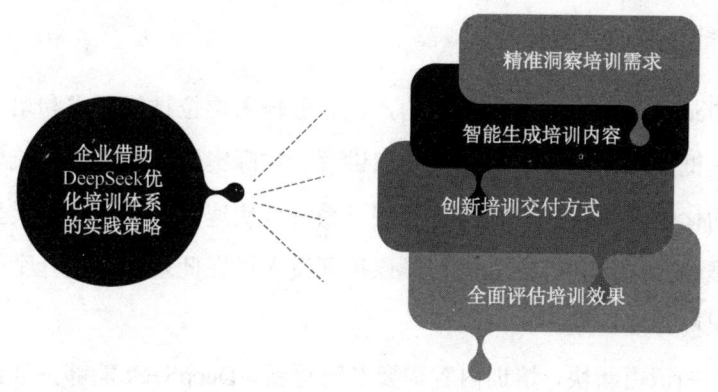

图 8-6　企业借助 DeepSeek 优化培训体系的实践策略

1. 精准洞察培训需求

制造企业岗位众多，不同岗位的技能要求差异大。该企业借助 DeepSeek 的 NLP 技术，解析海量岗位说明书，精确提取关键技能点。例如，该企业在分析机械加工岗位说明书时，借助 DeepSeek 能够识别操作特定型号数控机床，掌握复杂零件加工工艺等核心技能要求。同时，DeepSeek 结合员工当前技能水平数据，通过对比精准定位每个岗位的技能缺口，为后续培训课程设计提供关键依据。

DeepSeek 通过分析员工在过往培训中的行为数据，如在线学习平台上的学习时长、课程点击率、互动参与度等，分析员工对不同资料呈现方式的接受度。例如，该企业通过 DeepSeek 的分析发现，部分员工对视频类培训资料接受度高，而另一些员工更倾向于文本资料或实操演练。根据这些偏好，该企业为员工量身定制培训资源推送方案，提高培训参与度。

制造业技术迭代迅速，及时掌握行业趋势对培训规划至关重要。DeepSeek 通过网络爬虫技术，实时抓取行业权威网站、技术论坛、研究报告等信息，并利用知识图谱技术梳理技术发展脉络，预测未来对技能的需求。例如，DeepSeek 预测到智能制造领域对工业互联网安全、数字化仿真技术人才的需求将大幅增长，该企业提前规划了相关培训课程。

2. 智能生成培训内容

基于 DeepSeek 的生成式 AI 能力，该企业输入岗位技能要求和培训目标，得到基础课程框架。此框架涵盖理论知识讲解、实际案例分析、操作流程演示等模块。以自动化生产线维护培训课程为例，系统可快速生成常见故障类型、故障诊断方法、维修操作步骤等内容框架，课程开发人员在此基础上进行个性化完善，大幅缩短课程开发周期。

制造业知识更新快，培训内容需要及时更新。DeepSeek 能够持续监测行业动态，当出现新技术、新工艺、新法规时，自动更新相关课程内容，确保培训内容的时效性。

此外，为满足不同员工的学习风格，该企业通过 AI 技术实现培训内容在文本、视频、动画等多模态间的转换。该企业使用相关 AI 工具，如 CapCut、万彩动画大师等，将复杂的机械装配流程转化为生动的 3D 动画演示。此外，该企业将操作视频上传至 DeepSeek 进行解析并生成文字脚本，方便员工复习，提升培训效果。

3. 创新培训交付方式

该企业结合 VR 和 AR 技术，在与 DeepSeek 融合后构建虚拟工厂培训环境。员工可在虚拟场景中进行设备操作、故障排查、生产线调试等培训。例如，该企业员工通过 VR 设备模拟汽车总装生产线操作，在安全、低成本的环境中反复练习，提高操作熟练度和应对突发问题的能力，同时避免实际操作可能带来的设备损坏和生产停滞风险。

同时，该企业与 DeepSeek 协作部署智能问答系统，员工在培训学习或工作中遇到问题时，可随时通过文字或语音提问，系统即时提供解答。例如，在生产车间，工人通过手持设备向智能问答系统咨询设备故障处理方法，系统根据问题提供详细解决方案，实现即时学习，提高工作效率。

DeepSeek 还能够根据员工技能水平、学习进度、学习偏好等数据，为每位员工制定个性化学习路径。例如，对于新入职员工，DeepSeek 建议其从基础理论课程开始，逐步过渡到实操培训；而对于有一定经验的员工，DeepSeek 则建议其跳过基础部分，直接进入高级技能提升课程进行学习。

4. 全面评估培训效果

该企业借助 DeepSeek 整合培训过程中的各类数据，包括学习时长、测试成绩、实操表现、互动参与度等。例如，在自动化生产线操作的培训中，利用 DeepSeek 记录员工操作设备的准确性、速度、错误次数等数据，该企业可全面评估员工培训效果。

此外，该企业利用 DeepSeek 的数据分析和机器学习能力，对采集到的数据进行深度分析。该企业可评估培训内容效果，如内容是否有效传递，员工对哪些技能的掌握不足，培训方式是否需要改进等。根据分析结果，该企业为员工提供个性化学习建议，为优化培训体系提供决策依据。

该企业进一步将培训效果与员工长期工作绩效关联起来，分析培训方案是否

具有成效。通过 DeepSeek 分析在员工培训前后产品质量的提升、生产效率的提高、事故发生率的降低等工作指标的变化，该企业能够评估培训对自身业务的实际贡献。例如，该企业通过评估数控加工培训对产品加工精度的长期提升影响，为持续投入培训资源提供有力的数据支撑。

该企业的实践表明，DeepSeek 技术正在重塑企业培训的底层逻辑。通过认知、生产、体验、评估四大革新，培训体系已从成本中心转变为价值创造中心。随着 DeepSeek 与脑机接口、数字人等技术的融合，企业培训将实现全链路智能化，最终达成组织能力的指数级进化。

第 9 章

• 行业创新：
DeepSeek 驱动企业未来

在 AI 技术深度重构产业生态的今天，DeepSeek 以其跨行业的智能渗透力，成为企业突破增长瓶颈的核心引擎。作为新一代认知智能平台，DeepSeek 通过实时数据网络、多模态决策算法与行业知识图谱的融合创新，不仅帮助企业实现了从市场洞察到运营优化的全链路智能化，还在技术路径上突破传统 AI 的单一场景局限，构建起动态进化的智能商业生态。

9.1 行业洞察：AI 赋能的趋势分析与预测

在数字经济时代，企业面临着信息过载，市场变化加速，消费者行为复杂化等多重挑战。传统的行业洞察方法依赖人工分析，存在数据处理效率低，隐性关联难发现，预测结果滞后等痛点，难以应对动态竞争环境。随着以 DeepSeek 为代表的 AI 工具快速迭代，企业正通过智能化转型重构行业洞察方法论，构建从数据感知到决策验证的完整闭环，以抢占市场先机。

首先，DeepSeek 构建了覆盖全球市场的实时数据网络，通过多源数据融合技术，可每小时处理千万量级商品数据，并支持数十种语言的跨文化语义分析。例如，某智能硬件厂商通过 DeepSeek 监测到日本市场防晒用品搜索量激增时，系统自动触发备货预警，结合区域气象数据和竞品动态，提前完成供应链的调整，成功抢占市场先机。

在用户行为建模层面，平台通过追踪跨平台触点的用户行为轨迹，构建消费者生命周期价值模型。以某美妆品牌为例，其基于该模型预判中东市场在斋月期间，哑光质地彩妆的需求量大，提升了备货准确率，同时，该品牌通过动态定价策略实现了利润的增长。这种精细化洞察能力使企业从被动响应转向主动引领市场需求。

其次，企业借助 DeepSeek 实现全维度市场建模与动态博弈。DeepSeek 的智能监控系统可同步追踪数百个竞品的核心指标。例如，当检测到亚马逊美国站某品类价格波动超过阈值时，系统在短时间之内生成包含历史价格曲线、库存深度预测的应对方案。

在区域化市场分析中，平台突破传统翻译局限，通过文化语义挖掘技术识别深层需求。例如，在分析国外市场用户的搜索关键词时，DeepSeek 完成字面翻译的同时，还通过评论关联分析其指向性，在帮助家居品牌优化视觉方案后提升点击率。这种文化解码能力使企业能精准把握地域消费心理。在供应链优化领域，企业与 DeepSeek 协作构建物流决策模型，为企业提供高效的物流方案，降低物流成本。

最后，在营销层面，DeepSeek 通过情感分析算法识别多语言的表情符号隐含意义，如某母婴品牌监测到俄罗斯用户对某种符号的偏好后，调整包装设计，提升购买率。此外，DeepSeek 的动态广告素材库根据用户设备类型和浏览历史自动组合元素，提高广告生成效率，降低投入成本。

企业成功实施 DeepSeek 的关键在于构建数字化能力路径。企业需要进行现有流程数字化审计。通过飞书多维表格，系统接入 DeepSeek-R1 智能分析模型，企业可实现产品策划、数据提取、智能绘图的一站式操作。例如，某跨境电商企业通过该工具不仅提升了新品开发效率，也提升了人均数据分析效率。

在人才培养方面，企业需要选拔业务骨干参与厂商认证培训，并通过数字化沙盘演练强化实战能力。例如，某机电设备出口商通过该机制，将客户开发周期大幅缩短，验证了团队数字化转型的可行性。

以某科技公司为例，作为智能穿戴设备出口商，该公司通过 DeepSeek 平台实现了中东市场的战略突破。DeepSeek 实时监测到沙特阿拉伯市场"运动手环"搜索量，并结合气象数据发现当地即将进入高温季，预判对户外防晒的需求将带动具有紫外线监测功能的设备销量。通过跨语言语义分析，团队发现阿拉伯语评论进一步验证了需求趋势。

基于 DeepSeek 的智能选品引擎，该公司迅速调整产品线，将具备监测功能的手环与速干运动头巾组合销售，提升了客单价。同时，系统捕捉到竞品每周三下午调价的规律，设置了动态定价策略。在供应链方面，该公司融合物流算法设计的智能方案，缩短了交货周期。

为强化本地化运营，该公司利用 DeepSeek 生成阿拉伯语、波斯语等多种语言的营销素材，并通过情感分析优化视觉设计。在 DeepSeek 监测到用户对某类型符号的偏好后，该公司迅速调整包装设计，提高商品链接的点击率。同时，该公司

结合数字人技术，快速制作多版本推广视频，提高了知名度。最终，该公司在中东市场的份额大幅提升。

DeepSeek 正引领行业洞察进入智能化时代。通过实时数据洞察、精准需求预测和动态策略优化，企业能够在复杂商业环境中把握先机，实现从经验决策向数据决策的范式转变。

9.2　创新场景：DeepSeek 在各行业的应用案例

DeepSeek 以开源、免费、高性能的独特优势，成为驱动企业智能化转型的核心引擎。其通过 NLP、多模态推理与行业知识图谱的深度融合，实现从效率提升到价值创造的全面跃迁。

DeepSeek 助力各行业的场景创新，除了前文所提到的制造业、零售业、金融业等之外，还包括农业、文化、旅游等领域。

1. 农业

在湖北武汉，作为一家深耕农业遥感技术的农业科技企业，珈和科技通过接入 DeepSeek，将卫星图像、病虫害数据与种植知识库整合为智能决策系统。该系统可实时分析作物生长状态，将传统需要数天完成的灾损评估缩短至秒级响应，助力农户快速生成保险报告。

此外，通过大模型调用小模型的架构创新，系统可自动匹配区域气候、土壤条件生成种植方案，提升了农田管理效率。同时，珈和科技与 DeepSeek 协作构建了智能客服平台"小珈 AI"。在农户输入问题后，系统自动关联种植、植物保护等数据库，提供相关数据报告及种植指导方案。

2．文化遗产

DeepSeek 在文化领域的应用正改写传统创作模式。通过 NLP 与图像识别技术，系统可深度解析历史文献、文物图像，自动生成符合时代语境的文化解读。

例如，敦煌研究院借助 DeepSeek 开发的"数字藏经洞"，实现了文物信息的智能检索与知识图谱构建，为文化遗产的保护与传播提供了新范式。此外，在影视创作领域，DeepSeek 能够根据剧本生成分镜脚本、场景设计文本，甚至辅助完成台词润色，提升创作效率，为文化创意产业注入科技活力。

3．跨境电商

在浙江义乌，数贸服务平台 Chinagoods 接入 DeepSeek 后，创造出"AI 视创+智能翻译"的跨境贸易新范式。商户只需要拍摄产品视频并输入关键词，系统即可自动生成多语种带货文案，并同步完成文化适配性的优化。例如，某袜子生产商通过 DeepSeek 生成视频文案，将产品销往中东、南美等国家，年出口量突破千万双。

DeepSeek 通过分析全球电商平台的实时数据，可预测不同市场的消费趋势。例如，某家居用品商据此提前备货，在斋月期间销量激增。这种数据驱动的全球化正在重塑小商品贸易的底层逻辑。

4．旅游业

旅游业正经历从"人找服务"到"服务找人"的范式转变。DeepSeek 通过整合实时交通数据、景点人流信息及用户行为画像，为游客提供定制化行程规划。例如，黄山景区接入 DeepSeek 后，其 AI 旅行助手在智能交互、场景服务等方面实现升级。

黄山景区通过 DeepSeek 实时整合客服及运营数据，系统精准解析政策并补充细节。例如，在解答老人免票政策时，系统同步提示 70 岁以上需要进行公众号预约。同时，景区依托系统的多模态交互技术，提供视频通话导览与深度文化解读。系统还能实时分析用户行为数据，预测客流高峰，助力景区提前增开接驳车，提升游客满意度。该景区利用 DeepSeek 优化了服务效率与游客体验，为景区智慧化管理提供数据支撑。

5. 建筑业

在建筑业，DeepSeek 转型为智能工程决策系统，破解了工程管理中的许多难题。例如，中国建设科技集团与天翼云合作，将 DeepSeek 671B 大模型深度融入建筑业全流程，打造住建领域首个私有化部署的 AI 助手。该模型能够帮助企业识别资质缺失等风险，提升审核效率。

同时，在施工管理方面，该模型与物联网传感器融合构建智能工地平台，实时分析传感器数据，自动识别安全隐患并预警。当监测到混凝土浇筑温度异常时，系统联动调整配比并生成应急方案，大幅降低质量事故率。系统通过分析历史施工数据预测工序耗时，动态优化资源分配，缩短项目工期。

6. 城市规划

在城市更新项目中，DeepSeek 的空间计算能力展现出惊人潜力。系统通过分析城市遥感影像、人口流动数据及政策规划文件，自动生成多版本更新方案，涵盖交通优化、生态保护、商业布局等维度。

此外，DeepSeek 能够模拟不同方案对城市热力、碳排放的影响，为决策者提供可视化参考。在应用该系统后，城市更新项目的规划周期有效缩短，方案综合效益实现了提升。这种技术赋能正在重塑城市发展的底层逻辑。

应用场景的不断拓展印证了 DeepSeek 赋能实体经济的巨大潜力。随着 AI 技术的突破，DeepSeek 将进一步推动企业从数字化转型向智能化跃迁，为行业创新创造无限可能。

9.3 人机协作：未来企业管理模式的探索

在科技飞速发展的当下，AI 正逐步渗透至企业管理的各个层面，改变传统的管理模式。DeepSeek 凭借其强大的数据分析、预测及智能决策辅助能力，为企业在人机协作的管理模式探索中提供了广阔空间。

企业通过与 DeepSeek 深度融合，能够从战略决策、运营管理到客户服务等多维度实现管理创新与效能提升。

在战略决策方面，DeepSeek 能够实时抓取全球行业报告、政策法规与社交媒体数据。企业借助 DeepSeek 构建动态市场分析模型，实时掌握市场动态。例如，某零售企业开拓新市场时，通过该系统分析目标区域消费习惯、经济趋势及竞争对手数据，生成包含产品定位、价格策略与营销组合的可行性报告，辅助管理层制定科学决策。在战略执行中，系统实时跟踪 KPI，运用机器学习预测执行偏差，如识别市场需求的突变或对手策略的调整。基于实时市场变化检测，系统可生成动态优化建议。

在运营与供应链优化方面，DeepSeek 与生产管理系统集成，通过设备运行、库存及订单数据分析实现精准排程。以某制造企业为例，其利用其预测设备故障概率，提前维护使设备利用率提升。在供应链管理中，系统整合供应商、物流及销售数据，实现可视化监控与动态优化。例如，某电商企业据此预测区域销售需求，提前协调生产并优化库存布局，在配送时效提升的同时降低库存成本。

在人才招聘方面，DeepSeek 通过分析职位要求与候选人行为数据，精准匹配人才。在员工发展方面，系统能够根据绩效、技能及职业目标定制培训计划，推动个人与企业共同成长。

在客户服务方面，通过分析客户消费轨迹与社交媒体行为，DeepSeek 能够构建精准画像。同时，企业与 DeepSeek 协作构建的智能客服系统，能够实时响应咨询，解决复杂问题。例如，某家电品牌与 DeepSeek 协作构建智能客服，提高了响应效率，并衍生退换货预测模型。

企业与 DeepSeek 构建人机协作管理模式时，企业需要建立统一的技术平台，实现 DeepSeek 与现有企业管理系统，如 ERP、CRM、SCM 等的无缝对接。通过技术整合，DeepSeek 会打破数据孤岛，确保数据在不同系统间的流畅传输与共享，为企业提供全面、准确的数据支持。同时，企业将 DeepSeek 的分析结果及时反馈到管理决策流程中，确保决策的有效性。

为了有效开展人机协作，企业还需要培养具备 AI 知识与业务管理能力（包括技术理解力、业务洞察力、伦理判断力）的复合型人才。一方面，企业要对现有员工进行 AI 技术培训，使其了解 DeepSeek 的功能与应用场景，能够熟练运用其提供的数据分析结果进行业务决策；另一方面，企业需要招聘具有 AI、数据科学等专业背景的人才，充实企业的技术团队，与业务团队协同合作，共同推动人机协作管理模式的落地。

在利用 DeepSeek 进行人机协作的过程中，数据安全与伦理问题至关重要。企业需要建立严格的数据安全管理制度，采用加密技术、访问控制等手段，确保客户数据、企业运营数据等的安全性与隐私性。同时，企业应遵循 AI 伦理准则，避免算法偏见等问题，确保 DeepSeek 的应用符合道德与法律规范。

以某智能硬件制造企业为例，该企业面临市场需求波动大，供应链响应滞后，人才匹配效率低等挑战。通过引入 DeepSeek 构建人机协作管理体系，该企业实现全流程数字化转型。

在智能生产决策方面，DeepSeek 集成设备物联网数据，实时分析运行状态并预测故障，基于遗传算法优化订单交付周期，提升设备利用率。

在供应链管理中，系统整合供应商与物流数据，建立智能采购模型优化供应商组合，动态调整运输路线，提升配送时效。

在人力资源管理上，DeepSeek 构建人才能力图谱，通过 AI 面试系统精准匹配岗位需求，缩短招聘周期并定制员工发展路径。

在客户服务协同升级中，客服机器人自动处理常规咨询，复杂问题同步人工客服并提供解决方案，基于客户画像数据精准推送产品建议。

以某家电企业为例，在科技浪潮的推动下，该企业率先开启人机协作管理模式探索，借助 DeepSeek 实现全方位管理升级。

在战略决策方面，当该企业计划拓展海外市场时，DeepSeek 实时收集目标市场的行业报告、政策法规和社交媒体数据，构建市场分析模型，生成了针对当地消费习惯的产品定位和营销策略，该企业在海外市场中快速站稳脚跟。

在运营与供应链优化方面，该企业将 DeepSeek 与生产管理系统集成后，建立设备健康度评估模型，通过预测性维护减少停机时间。在供应链端，系统整合供应商、物流数据实现全链路可视化，动态优化库存布局，显著降低滞销风险。通过消费趋势预判，该企业实现区域库存的精准调配，旺季订单满足率提升至行业领先水平。

在人才管理方面，该企业借助 DeepSeek，结合岗位需求与候选人能力画像进行智能匹配，缩短关键岗位招聘周期。针对员工发展，该企业将每位员工的相关数据输入 DeepSeek，从而生成个性化学习路径。同时，该企业结合 DeepSeek，建立岗位胜任力模型，为员工推荐定制化课程，推动高潜人才梯队的建设。例如，在某区域销售团队接受系统培训后，客户留存率同比提升显著。

在客户服务方面，基于用户消费行为分析，DeepSeek 构建动态客户画像，支持客服团队提供场景化解决方案。智能客服系统实现全天候实时响应，并通过 NLP 技术解决常见咨询。此外，系统还衍生出退换货风险预判模型，帮助企业提前制定服务预案。

为确保人机协作的顺利开展，该企业建立统一技术平台，实现 DeepSeek 与现有系统的无缝对接，同时，培养复合型人才，建立严格的数据安全管理制度，遵循伦理准则，这些举措保障了企业的可持续发展。

通过人机协作模式，该企业的整体运营效率与市场竞争力显著提升，成功孵化了新品类。

企业与 DeepSeek 的人机协作是未来管理模式创新的必然趋势。通过在战略决策、运营管理、客户服务等方面的深度融合，企业能够充分发挥 AI 的优势，提升管理效能，增强市场竞争力，开创企业管理的新局面。

9.4 企业竞争力：AI 时代的能力提升路径

在 AI 技术加速渗透的商业环境中，企业的核心竞争力正从传统资源整合转向智能化创新能力。DeepSeek 通过算法创新、高效算力利用和场景化应用，为企业提供了一条低成本、高价值的智能化升级路径。

DeepSeek 从技术融合、数据价值挖掘、业务流程重构、风险防控及生态协同五个维度，助力企业实现竞争力的跨越式提升，如图 9-1 所示。

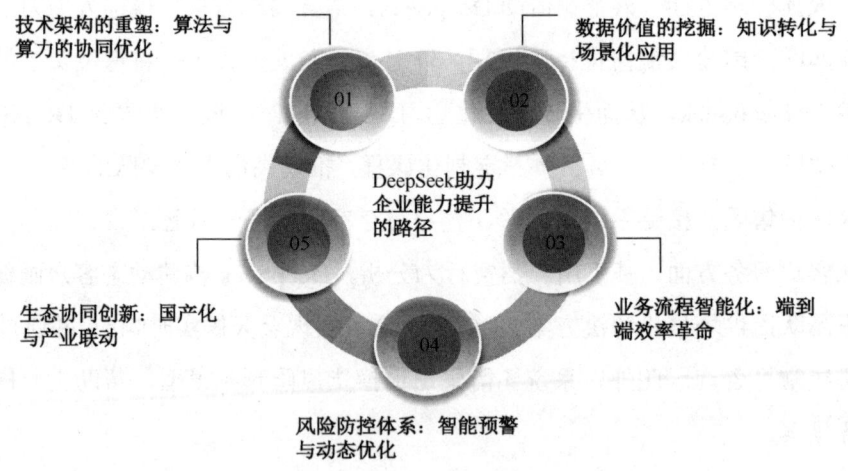

图 9-1　DeepSeek 助力企业能力提升的路径

1. 技术架构的重塑：算法与算力的协同优化

DeepSeek 通过硬件资源、模型架构与算法的协同设计，实现了基座模型性能与推理效率的双重突破。依托 DeepSeek 的轻量化推理架构，企业可降低 AI 部署的硬件门槛。例如，在零售行业，某企业通过 DeepSeek 优化后的推荐系统，在保持推荐准确率的前提下，降低服务器成本。同时，其高效训练框架支持企业快速迭代模型，如某制造企业利用该技术将产品缺陷检测模型的训练周期大幅缩短，显著提升了研发响应速度。

2. 数据价值的挖掘：知识转化与场景化应用

针对企业数据分散、质量参差不齐的问题，DeepSeek 将复杂模型的知识转化为精简、有效的表述，实现跨领域知识的迁移。结合精细数据清洗与合成技术，DeepSeek 为企业构建高质量垂类语料库。以金融行业为例，某证券机构在接入 DeepSeek-R1 模型后，实时解析市场数据，提高了投资决策准确率。例如，在制造领域，某汽车厂商利用该技术对生产线数据进行深度分析，提前识别设备故障隐患，减少停机损失。

3. 业务流程智能化：端到端效率革命

DeepSeek 的 NLP 与 CV（Computer Vision，计算机视觉）技术，为企业提供了全流程智能化解决方案。例如，在客户服务领域，某港口企业在部署 DeepSeek 赋能的智能客服系统后，实现 7×24 小时响应，大幅提升了客户满意度。在供应链管理方面，某物流企业通过 DeepSeek 的预测算法优化库存，提高了库存周转率。此外，该技术在 RPA（Robotic Process Automation，流程自动化）中实现创新应用，如某制造企业将 DeepSeek 与 RPA 结合，实现订单处理流程的自动化。

4. 风险防控体系：智能预警与动态优化

面对在数字化转型中的潜在风险，DeepSeek 构建了基于实时数据分析的智能风控模型，此模型能够帮助企业及时规避风险。以某能源集团为例，其通过该技术对设备运行数据进行实时监测，大幅提升故障预警准确率。通过该模型，企业

能够从被动应对风险转向主动治理。

5. 生态协同创新：国产化与产业联动

DeepSeek 的国产化属性为企业提供了安全可控的技术底座，如某国企通过其构建的多模态 AI 中枢，实现数据主权与技术自主的双重保障。同时，该技术的广泛应用带动了产业链的协同发展。例如，某智算中心与 DeepSeek 合作后，提升了算力资源利用率，形成了良性生态。

企业借助 DeepSeek 提升竞争力时，需要进行以下四个阶段：

第一步，战略解码。企业通过建立高层共识将 DeepSeek 应用纳入企业数字化战略核心，明确设定降本增效、体验优化、模式创新三大战略目标，形成自上而下的转型合力。

第二步，场景验证。企业应优先选择数据基础完善、业务痛点清晰的场景开展试点，从客服自动化、质量检测等高频场景切入，快速迭代，验证技术可行性。例如，某企业通过部署 DeepSeek 智能客服系统，使工单处理效率提升，为后续推广积累实证案例。

第三步，能力建设。企业需要组建包含数据科学家、业务专家、IT 工程师的跨职能团队，同步开展员工技能的升级。同时，企业需要完善数据治理体系，建立数据质量监控机制，确保训练数据的准确性与合规性。

第四步，持续迭代。企业借助 DeepSeek 建立敏捷机制，通过 A/B 测试对比不同模型版本效果，每月发布优化迭代方案。在初期验证成功后，企业逐步将应用范围扩展至供应链管理、研发设计等核心领域。此外，企业应通过 DeepSeek 搭建 AI 沙盒环境，实现新功能的安全测试与快速部署，形成智能闭环迭代体系。

以某区域性商业银行为例，深度剖析 DeepSeek 如何帮助企业提高竞争力。该行长期面临传统风控效率低下，客户服务同质化及数据孤岛等问题，导致不良贷款率攀升且年轻客群流失严重。针对这些核心痛点，该行通过 DeepSeek 实现战略转型。

该行借助 DeepSeek 部署知识图谱与机器学习模型，实时整合征信、社交行为等多维度数据，将审批效率大幅压缩，降低了不良贷款率。同时，其与 DeepSeek 协作构建 NLP 驱动的虚拟客服系统，能够全天候处理大部分常规咨询，提升了客户满意度。

通过运用 DeepSeek 深度学习挖掘用户画像，该行能够向高净值客户推送定制化理财方案，带动理财业务的增长。通过借助 AI 技术，该行实现了销售利润的增长，不良贷款率有所下降，相关技术输出至多家中小银行。

在 AI 技术重塑商业格局的浪潮中，DeepSeek 为企业提供了技术突围的新范式。通过战略级 AI 部署与业务场景的深度耦合，企业不仅能实现人机协同的运营效率的跃升，还将构建自主可控的智能竞争力内核，实现从效率优化到价值创造的跨越式进化。

9.5　实战：用 DeepSeek 规划企业创新方向

在 AI 技术重塑产业格局的当下，企业创新已从经验驱动转向数据与算法的深度耦合。DeepSeek 作为开源大模型领域的标杆，通过轻量化技术架构与生态协同能力，为企业提供了从战略规划到场景落地的全流程创新解决方案。

企业如何借助 DeepSeek 规划创新方向？具体实践策略如图 9-2 所示。

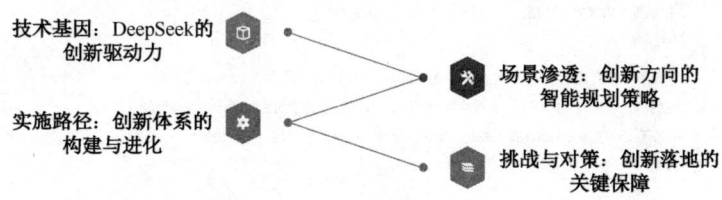

技术基因：DeepSeek的
创新驱动力

实施路径：创新体系的
构建与进化

场景渗透：创新方向的
智能规划策略

挑战与对策：创新落地的
关键保障

图 9-2　企业用 DeepSeek 规划创新方向的实践策略

1. 技术基因: DeepSeek 的创新驱动力

DeepSeek 具有高效能、低成本的优势,通过混合专家架构与强化学习优先的训练方法,在保持高性能的同时,降低训练成本。这种技术打破了传统大模型对算力的过度依赖,为企业,尤其是中小企业提供了低成本试错的可能。

例如,其开源的 DeepSeek-R1 模型在数学推理、代码生成等领域性能比肩GPT-4,通过模块化设计支持企业按需调用,显著降低了技术接入门槛。

此外,DeepSeek 的跨模态对齐能力与动态知识更新机制为企业创新提供了基础支持。通过整合文档、文字等多类型数据,企业可以构建精准的用户画像与市场趋势预测模型。例如,某汽车制造商基于 DeepSeek 开发的智能座舱交互系统,提高了用户意图识别准确率,证明了技术的实际效果。

2. 场景渗透: 创新方向的智能规划策略

在产品创新方面,DeepSeek 可通过分析用户行为数据、社交媒体舆情与产业链动态,挖掘未被满足的市场需求。以某家电企业为例,该企业利用 DeepSeek的生成式 AI 功能,生成多款厨房电器外观方案,并通过用户反馈快速优化,缩短新品上市周期,如图 9-3 所示。

> 🐋 🎱 已深度思考 (用时 24 秒) ✓
>
> 以下是为厨房电器设计的多款外观方案,涵盖不同风格、功能和用户群体需求,兼顾实用性与美学创新:
>
> **方案一: 极简几何系列**
>
> **适用品类:** 微波炉、烤箱、空气炸锅。
> **设计亮点**
> - **造型:** 立方体切割设计,边缘采用倒角处理,搭配隐藏式把手与触控屏。
> - **材质:** 哑光金属机身 (可选深空灰/雾霾蓝/珍珠白),顶部玻璃面板透出内部灯光状态。
> - **交互:** 无边框LED屏+旋钮控制,旋钮可吸附于机身任意位置 (磁吸设计)。
>   **目标用户:** 都市白领、小户型家庭。
>
> **方案二: 复古工业风系列**
>
> **适用品类:** 咖啡机、面包机、电水壶。

图 9-3 生成的"外观方案"示例

在运营优化方面，企业可以将 DeepSeek 用于供应链、生产与销售环节，实现智能决策。例如，某物流企业应用 DeepSeek 的路线优化算法，结合实时交通与天气数据，提升配送时效。

在客户体验方面，企业与 DeepSeek 协作构建客户心智模型，提供个性化服务。例如，某保险公司基于用户健康数据与社交媒体行为，主动推荐保险产品，提升了客户的续保率。在呼叫中心场景中，该模型可实时分析客户情绪，自动调整话术策略，使 CSAT（Customer Satisfaction Score，客户满意度）提高，并衍生出客户流失预警功能。

3. 实施路径：创新体系的构建与进化

企业借助 DeepSeek 规划创新方向，需要经历以下三个步骤：

第一步，企业需要借助 DeepSeek 建立多源数据整合平台，打通内部运营数据与外部市场数据的壁垒。例如，某零售企业通过 DeepSeek 构建客户分群模型，整合线上浏览、线下购买与客服对话数据，实现精准营销，提升了客单价。同时，企业需要强化 DeepSeek 的数据治理能力，确保模型训练数据的合规性与质量。

第二步，企业需要培养复合型人才团队，推动跨部门协作。例如，某科技公司设立智能创新实验室，招募算法工程师与业务专家组成联合团队，进行场景创新工作。企业需要将决策机制从经验驱动转向数据驱动，并通过 DeepSeek 的动态竞争力图谱实时评估资源配置效率。例如，某制造企业据此优化供应链布局，提前规避原材料价格波动的风险。

第三步，借助 DeepSeek 的开源生态，企业可与产业链上下游共建智能协同网络。例如，某电子厂通过 DeepSeek 共享闲置产能，提升了资源利用率；某跨境物流企业联合 DeepSeek 制定多语言交互标准，掌握行业话语权。此外，企业可探索"AI 即服务"模式，将 DeepSeek 的能力封装为 API 输出，如金融机构向中小银行提供反欺诈模型服务，拓展收入来源。

4. 挑战与对策：创新落地的关键保障

在应用 DeepSeek 进行创新的过程中，企业还需要关注其所带来的风险与挑战，实现计划的稳健落地。对于技术整合风险，企业需要建立技术中台，即数据中台、AI 中台与业务中台，实现 DeepSeek 与现有系统的 API 接口级系统集成。以某车企为例，该企业通过 DeepSeek 与车载 AI 系统的深度整合，解决了模糊意图的理解与主动服务能力两大行业难题。同时，企业需要关注模型可解释性与伦理问题，避免算法偏见。

此外，企业在数据采集与使用过程中，应严格遵循相关法规，采用联邦学习等技术保护用户隐私。例如，某医疗平台通过联邦学习技术，在不共享原始数据的前提下，联合多家医院优化 DeepSeek 的诊断模型。

企业需要建立反馈机制，如某快消品牌通过 A/B 测试验证 DeepSeek 生成的营销方案，提升了转化率。同时，企业需融合 DeepSeek 设立创新容错机制，鼓励员工尝试高风险、高回报的项目，如某互联网公司的"智能创新基金"已孵化出多个爆款应用。

DeepSeek 依托其轻量化架构与生态协同效能，为企业创新构建了系统化支撑体系。从前沿技术的攻坚突破到实际应用场景的落地实施，DeepSeek 实现了对企业发展的全方位赋能。尽管当前面临诸多挑战，但企业通过实施针对性策略，充分挖掘 DeepSeek 的技术优势，持续开拓创新路径，推动商业格局的重塑与升级。

9.6 案例：某企业用 DeepSeek 实现业务创新

在 AI 技术深度赋能产业的浪潮中，软件行业正经历从技术服务商向智能生态构建者的战略转型。作为数字技术创新的标杆企业，某大型软件企业以"软硬一体"为核心战略，通过全面接入国产大模型 DeepSeek，完成了从基础设施到应用场景的全链条智能升级，为行业探索出一条高效且可持续的创新路径。

该企业的创新实践始于底层算力底座的重构。通过自主研发的智能算力平台与终端计算设备，该企业构建了覆盖云端与终端的算力网络。其中，智能算力平台通过深度适配 DeepSeek 的动态计算分配系统，将 GPU 利用率提升至行业领先水平，使模型训练成本大幅降低。这种模式为金融、医疗等对算力敏感的行业提供了稳定的智能基座。

在操作系统方面，该企业依托鸿蒙生态的开源特性，开发了行业专属的智能调度系统，将 DeepSeek 的轻量级模型应用到工业控制中，提高了设备故障预测的准确性。这种软硬融合的架构设计打破了传统软件企业依赖第三方硬件的局限，形成了独特的技术优势。

智能平台的升级标志着该企业从产品供应商向能力服务商的转变。通过接入 DeepSeek-R1 模型，平台缩短了行业大模型开发周期，客户可通过简单的智能体编排工具，快速构建客服机器人、风控系统等垂直应用。例如，某股份制银行的实践显示，基于该平台的智能客服系统上线后，客户问题解决时效大幅提升，人力成本降低。

在科学计算领域，该企业自主研发的 AI 科研平台结合 DeepSeek 的强化学习框架，实现了药物分子筛选效率的大幅提升。这种技术突破不仅加速了生物制药企业的研发进程，还将 AI 与科研融合，构建新型服务模式。目前，该平台已服务于国内多家顶尖科研机构，缩短了基础研究向应用转化的周期。

在金融领域，该企业基于 DeepSeek 开发的智能投顾系统，通过整合宏观经济数据与用户行为画像，为客户提供动态资产配置方案。例如，在某商行应用后，高净值客户留存率得到提升，财富管理业务规模实现增长。这种数据驱动的决策模式正在重塑传统金融服务的价值链条。

制造业的智能化转型同样展现出 DeepSeek 的赋能潜力。该企业为某汽车集团打造的 AI 质检系统，通过结合视觉识别与 NLP 技术，大幅提升检测速度。该

系统不仅降低了品控成本，还通过对缺陷数据的实时分析，反向优化了生产工艺参数。

该企业在借助 DeepSeek 实现业务创新的过程中，还系统性应对了多重潜在风险。在技术层面，模型性能的不稳定可能导致智能客服响应延迟或金融投顾方案的失效。该企业通过建立实时监控体系并准备备用模型，降低了模型性能的不稳定带来的损失。该企业设立研发团队，跟踪前沿动态，预留技术升级接口，降低了技术更新换代所带来的风险。

在数据方面，数据质量问题会影响模型训练效果，该企业通过建立严格的数据清洗与验证机制，减少质量问题。对于数据主权风险，该企业通过加密技术与协议明确数据控制权。对于数据合规风险，该企业则借助 DeepSeek 建立合规沙盒机制，确保金融、医疗等敏感数据的处理符合相关法律法规。

在市场方面，激烈的行业竞争要求企业持续优化产品性能并加强品牌建设。在面对客户接受度差异问题时，该企业通过透明化决策和个性化服务提升信任。为应对合作伙伴的风险，该企业严格筛选合作方并签订权责协议，如与飞书联合开发标准化 API。

在人才方面，该企业通过校企合作培养人才。对于核心人才流失的风险，该企业通过股权激励与保密协议降低流失率，如与技术团队签订竞业限制条款。通过借助 DeepSeek 构建覆盖技术、数据、市场、人才的全维度风险管理框架，该企业可有效平衡创新与风险，实现可持续增长。

该企业的创新实践并非单兵突进，而是通过构建开放生态实现价值共创。在开发者层面，该企业通过开源社区共享 DeepSeek 的适配经验，吸引了数百家技术团队参与应用开发。在产业链层面，该企业与飞书等平台的深度合作形成了完整闭环体系。例如，某零售企业通过飞书多维表格调用 DeepSeek 模型，提升了商品推荐准确率。

　　这种生态化发展模式使该企业从技术输出者转变为创新枢纽。通过制定行业标准接口、建立联合实验室等举措，该企业构建了一个多方共赢的智能产业生态。

　　该企业的实践表明，企业的创新能力不仅体现在技术突破上，还取决于对产业趋势的精准把握与生态资源的整合能力。通过深度融合 DeepSeek 的高效模型能力，该企业实现了自身的战略升级。随着 AI 技术的持续演进，这种创新范式或将成为数字经济时代企业竞争的核心法则。

反侵权盗版声明

电子工业出版社依法对本作品享有专有出版权。任何未经权利人书面许可，复制、销售或通过信息网络传播本作品的行为；歪曲、篡改、剽窃本作品的行为，均违反《中华人民共和国著作权法》，其行为人应承担相应的民事责任和行政责任，构成犯罪的，将被依法追究刑事责任。

为了维护市场秩序，保护权利人的合法权益，我社将依法查处和打击侵权盗版的单位和个人。欢迎社会各界人士积极举报侵权盗版行为，本社将奖励举报有功人员，并保证举报人的信息不被泄露。

举报电话：（010）88254396；（010）88258888

传　　真：（010）88254397

E-mail：　dbqq@phei.com.cn

通信地址：北京市万寿路 173 信箱

　　　　　电子工业出版社总编办公室

邮　　编：100036